A TEORIA DA RELATIVIDADE

SOBRE A TEORIA DA RELATIVIDADE ESPECIAL E GERAL

(para leigos)

Albert Einstein

A TEORIA DA RELATIVIDADE

SOBRE A TEORIA DA RELATIVIDADE ESPECIAL E GERAL

(para leigos)

Tradução do alemão de Silvio Levy

L&PM EDITORES

Texto de acordo com a nova ortografia.
Título original: *Über die spezielle und die allgemeine Relativitätstheorie*

Tradução: Silvio Levy
Capa: Ivan Pinheiro Machado. *Crédito da imagem*: Latinstock/Mehau Kulyk/Science Photo Library/Spl Dc
Revisão: Patrícia Yurgel e Marianne Scholze

CIP-Brasil. Catalogação na Fonte
Sindicato Nacional dos Editores de Livros, RJ.

E35s

Einstein, Albert, 1879-1955
A teoria da relatividade: sobre a teoria da relatividade especial e geral (para leigos) / Albert Einstein; tradução de Silvio Levy. – Porto Alegre, RS: L&PM, 2013.
192 p. : il. ; 21 cm

Tradução de: *Über die spezielle und die allgemeine Relativitätstheorie*
ISBN 978-85-254-2850-9

1. Einstein, Albert, 1879-1955. 2. Relatividade geral (Física) 3. Relatividade (Física). I. Título. II. Série.

13-1649. CDD: 530.11
CDU: 530.12

Rua Comendador Coruja 314, loja 9 – Floresta – 90220-180
Porto Alegre – RS – Brasil / Fone: 51.3225.5777 – Fax: 51.3221.5380

Pedidos & Depto. comercial: vendas@lpm.com.br
Fale conosco: info@lpm.com.br
www.lpm.com.br

Impresso no Brasil
Inverno de 2013

Sumário

TERCEIRA PARTE

APÊNDICE

Prefácio

A. Einstein

Este livreto se destina a dar uma ideia – a mais exata possível – da teoria da relatividade ao leitor que se interessa por esse tema do ponto de vista científico ou filosófico, mas que não domina a linguagem matemática da física teórica.[1] Sua leitura pressupõe uma formação aproximadamente equivalente ao ensino médio completo[2] e também – a despeito de o livro ser curto – bastante paciência e força de vontade da parte do leitor. O autor não poupou esforços no sentido de apresentar os principais conceitos da forma mais clara e simples possível e, de um modo geral, na ordem e no contexto em que eles se originaram. Em prol da

1. Os fundamentos matemáticos da teoria da relatividade especial se encontram nos artigos originais de H.A. Lorentz, A. Einstein e H. Minkowski, coligidos no livro intitulado *Das Relativitätsprinzip* (O princípio da relatividade), publicado pela editora B.G. Teubner na coleção Fortschritte der mathematischen Wissenschaften (Progresso das ciências matemáticas), e de forma detalhada no livro *Das Relativitätsprinzip*, de M. Laue (editora F. Vieweg & Sohn, Braunschweig). A teoria da relatividade geral, acompanhada das necessárias ferramentas matemáticas da teoria de invariantes, é objeto do livro do autor, *Die Grundlagen der allgemeinen Relativitätstheorie* (Fundamentos da teoria geral da relatividade, editora J. A. Barth,1916), que pressupõe uma certa familiaridade com a teoria da relatividade especial. (N.A.)

2. "Maturität" ou exame para obter diploma de ensino médio; ver também nota do tradutor na página 13. (N.T.)

clareza, a repetição pareceu-me muitas vezes inevitável e, assim, preocupei-me pouco ou nada com a elegância de estilo, atendo-me conscienciosamente ao preceito do genial físico teórico Ludwig Boltzmann, segundo o qual elegância é coisa que se deve deixar ao alfaiate e ao sapateiro. Creio não ter escondido do leitor as dificuldades inerentes ao assunto. Em contrapartida, é de propósito que trato os alicerces físicos e empíricos da teoria com certa parcimônia, para que o leitor pouco versado em física não se perca em detalhes e seja capaz de adquirir uma visão geral. Que este livro possa trazer a muitos leitores agradáveis horas de reflexão!

Dezembro de 1916.

PRIMEIRA PARTE

A teoria da relatividade especial

1.

CONTEÚDO FÍSICO DOS TEOREMAS GEOMÉTRICOS

É bem provável que na escola[1] o caro leitor ou leitora tenha travado conhecimento com o imponente edifício que é a geometria de Euclides e que se lembre, talvez com mais respeito do que afeição, das inúmeras horas gastas sob a tutela de professores conscienciosos na ascensão das altas escadarias desse imponente prédio. Sem dúvida, devido a essa formação, você reagiria com desprezo se ouvisse alguém chamar de falsa a mais ínfima e remota proposição dessa ciência. Mas essa orgulhosa sensação de certeza talvez se esvaísse depressa se alguém lhe perguntasse: "E o que você quer dizer ao afirmar que essas proposições são verdadeiras?". Sobre tal questão queremos nos alongar um pouco.

A geometria parte de certos conceitos básicos, tais como plano, ponto e reta, com os quais somos capazes de associar ideias mais ou menos claras, e de certas proposições simples (axiomas) que, em virtude dessas mesmas ideias, tendemos a aceitar como "verdadeiras". Todas as demais proposições são então provadas, isto é, reduzidas a esses axiomas por meio de um método

1. Na época, o ensino médio (pré-universitário) incluía o estudo aprofundado da geometria euclidiana, muitas vezes tendo por base os próprios *Elementos*. (N.T.)

lógico cuja validade somos compelidos a reconhecer. Assim, uma proposição é correta, ou "verdadeira", quando é derivada dos axiomas por meio desse processo estabelecido. Com isso a questão da "verdade" das diferentes proposições da geometria se reduz à questão da "verdade" dos axiomas. Porém, há muito tempo se sabe que a esta última questão é impossível não só responder por meio dos métodos da geometria, mas até mesmo atribuir um sentido. Não se pode perguntar se é verdade que por dois pontos só passa *uma* reta. Pode-se apenas afirmar que a geometria euclidiana trata de objetos chamados de "retas" que gozam da propriedade de ser univocamente determinados por dois quaisquer de seus pontos. A noção de "verdade" não se aplica aos enunciados da geometria pura, porque "verdadeiro" em última análise significa aquilo que está em concordância com algo "real", mas a geometria não se ocupa com a relação entre seus conceitos e os objetos da nossa experiência – apenas com as relações lógicas mútuas entre esses conceitos.

Mas é fácil explicar por que, apesar disso, sentimos a tendência de dizer que as proposições da geometria são "verdadeiras". Aos conceitos geométricos correspondem, de forma mais ou menos exata, certos objetos da natureza, que sem dúvida constituem a única razão pela qual tais conceitos existem. Para dar à sua estrutura o maior nível possível de autonomia lógica, é preferível que a geometria se mantenha afastada dessa correspondência; mas o hábito de, por exemplo, pensar numa distância como sendo dois locais marcados num *certo* corpo praticamente rígido está profundamente arraigado em nossa maneira de pensar. Temos também o hábito de considerar que três pontos estão em linha reta quando é possível fazê-los coincidir em posição aparente ao serem vistos de um olho só, mediante escolha de um ponto de observação adequado.

Suponhamos que, obedecendo à nossa maneira de pensar habitual, acrescentemos às proposições da geometria euclidiana uma única outra: a dois determinados pontos de um corpo praticamente rígido sempre corresponde a mesma distância (segmento de reta), não importando o quanto ele mude de posição. Neste caso as proposições da geometria euclidiana geram proposições sobre as posições relativas possíveis entre corpos praticamente rígidos.[2] Assim complementada, a geometria deve ser tratada como um ramo da física. Agora, sim, faz sentido indagar se uma proposição geométrica, assim interpretada, é "verdadeira", pois pode-se perguntar se a proposição se aplica aos objetos reais que associamos aos conceitos geométricos. Assim podemos dizer, com certo grau de imprecisão, que por "verdade" de uma proposição geométrica nesse sentido entende-se sua validade numa construção com régua e compasso.

Nossa convicção quanto à "verdade" das proposições geométricas nesse sentido repousa, é claro, sobre

2. Com isso associa-se também à linha reta um objeto natural. Três pontos *A, B, C* de um corpo rígido estão em linha reta quando, dados os pontos *A* e *C*, o ponto *B* é escolhido de forma que a soma das distâncias *AB* e *BC* seja a menor possível. Espero que esta indicação, apesar de incompleta, baste neste contexto.

um banco de experiências bastante incompleto. Mas a princípio vamos admitir a verdade das proposições geométricas e apenas mais tarde, ao considerarmos a teoria da relatividade geral, veremos como e a que ponto essa verdade tem seus limites.

2.

O SISTEMA DE COORDENADAS

Com base na interpretação física da distância indicada acima, estamos também em condições de determinar por meio de medidas a distância entre dois pontos de um corpo rígido. Para isso precisamos escolher de uma vez por todas um padrão de comprimento, ou régua[3], *S* a ser usado como unidade de medida. Sejam agora *A* e *B* dois pontos de um corpo rígido. O segmento de reta entre eles tendo sido construído de acordo com as leis da geometria, pode-se então, partindo-se de *A*, subtrair dele o segmento *S* quantas vezes for necessário até atingir *B*. O número de vezes que a subtração é repetida é a medida da distância *AB*. Essa é a base de qualquer medição de comprimento.[4]

Qualquer descrição espacial da localização de um evento ou de um objeto se baseia na especificação de

3. Objeto rígido cujo único aspecto relevante é o comprimento total. O original diz "Stäbchen" – pequeno bastão ou vareta – e mais tarde "Maßstab" – literalmente, bastão de medida, mas normalmente traduzido por "régua". Adotamos este último vocábulo para evitar o uso frequente de expressões longas e por paralelismo com "relógio", usado pelo autor a partir do próximo capítulo. A questão de subdivisões é mencionada na próxima nota de rodapé. (N.T.)

4. É verdade que isso pressupõe que a medição não deixa resto, isto é, resulta em um número inteiro. Para contornar essa dificuldade pode-se usar réguas subdivididas, o que não requer nenhum método fundamentalmente novo.

um ponto de um corpo rígido (corpo de referência ou referencial) com o qual coincide tal evento. Isso vale não só para descrições científicas, mas também na vida cotidiana. Se eu analisar a especificação de lugar "na praça Potsdam em Berlim", ela quer dizer o seguinte: a Terra é o corpo rígido ao qual se refere a especificação, e nela há um ponto marcado e dotado de um nome, "praça Potsdam em Berlim", com o qual o evento coincide espacialmente.[5]

Essa maneira primitiva de especificar locais só serve para locais na superfície de corpos rígidos e está ligada à existência de pontos distinguíveis nessa superfície. Consideremos agora como o engenho humano se livra dessas duas restrições, sem que mude a essência do método de especificação. Por exemplo, suponhamos que paire uma nuvem sobre a praça Potsdam. A localização dessa nuvem, com respeito à superfície terrestre, pode ser estabelecida da seguinte forma: a partir da praça, erige-se um poste perpendicular ao solo até alcançar a nuvem. O comprimento do poste, medido com a régua, constitui junto com a especificação da posição do pé do poste uma especificação completa da posição da nuvem. Neste exemplo vemos como ocorreu um refinamento gradual do conceito de local:

a. Estende-se o corpo rígido ao qual se relaciona a especificação de local de tal maneira que o objeto

5. Aqui não é necessário investigar em detalhe o que significa "coincidir espacialmente"; esse conceito é claro na medida em que, em cada caso real, dificilmente há desacordo quanto a haver ou não tal coincidência.

a ser localizado seja alcançado pelo corpo rígido assim complementado.

b. Em vez do nome de um ponto, usa-se para caracterizar a posição do objeto um *número* – neste caso, o comprimento do poste, medido com a régua.

c. Pode-se falar da altura de uma nuvem mesmo quando não se conseguir alcançar a nuvem com nenhum poste disponível. No nosso caso, deduz-se o comprimento que teria um tal poste a partir de observações visuais da nuvem de diferentes pontos do solo, levando-se em conta as leis de propagação da luz.

Por aí se vê que para descrever posições será vantajoso conseguirmos nos emancipar dos "pontos com nomes" no corpo referencial rígido, usando em vez disso medidas numéricas. Na física das medidas, isso se alcança por meio do uso de um sistema de coordenadas cartesianas.

Tal sistema consiste de três paredes planas e rígidas, perpendiculares uma à outra, e conectadas a um corpo rígido. A posição de qualquer evento em relação a esse sistema de coordenadas se descreve (em essência) por meio da especificação do comprimento de três linhas de prumo ou coordenadas *(x, y, z)* que se podem estender do local do evento a essas três paredes planas (ver figura 2 na página 47). O comprimento desses três fios de prumo, ou perpendiculares, pode ser calculado por meio de uma série de manipulações com réguas rígidas, manipulações estas prescritas pelas leis e pelos métodos da geometria euclidiana.

Na prática, o mais das vezes, as paredes que constituem o sistema de coordenadas não são construídas; tampouco as coordenadas são estabelecidas manipulando-se réguas de verdade, mas sim por métodos indiretos. Entretanto, o sentido físico da especificação de posição deve sempre ser interpretado à luz das considerações acima, sob pena de os resultados da física e da astronomia se dissolverem em confusão.[6]

Tem-se, portanto, o seguinte: toda descrição espacial de eventos requer que os eventos sejam colocados em relação espacial com um corpo rígido. Essa relação pressupõe que as "distâncias" satisfazem as leis da geometria euclidiana, sendo "distância" algo representado fisicamente por duas marcas em um corpo rígido.

6. Só na teoria da relatividade geral, tratada na segunda parte deste livro, é que essa afirmação terá que ser refinada e modificada.

3.

ESPAÇO E TEMPO NA MECÂNICA CLÁSSICA

Suponhamos que eu, sem muito pensar nem entrar em explicações detalhadas, formulasse esta definição: "O objetivo da mecânica é descrever como a posição dos corpos no espaço evolui com o tempo". Isso seria onerar minha consciência com vários pecados mortais contra o santo espírito de clareza. Vamos agora enumerar esses pecados.

Não está claro o que devemos entender aqui por "posição" e "espaço". Digamos que eu esteja à janela de um vagão de trem em movimento uniforme e deixe cair uma pedra no solo, sem imprimir-lhe qualquer velocidade. Desconsiderando o efeito da resistência do ar, eu veria a pedra se afastar de mim em linha reta. Um pedestre que testemunha esse ato antissocial postado à beira da via férrea observa que a pedra cai ao chão descrevendo um arco de parábola. Pergunto: as "posições" que a pedra ocupa em sucessivos momentos formam "na verdade" uma reta ou uma parábola? E ademais, o que quer dizer movimento "no espaço"? A resposta, em vista do exposto no capítulo 2, é óbvia. Primeiro, deixemos de lado a vaga palavra "espaço", à qual, francamente, não temos ideia de como dar sentido preciso; em vez disso, falemos em "movimento em relação a um corpo de referência praticamente rígido". A posição em referência ao corpo de referência (o vagão *ou* o solo) já foi definida em detalhe no capítulo anterior. Se, além disso, em vez de "corpo referencial", usarmos a noção de "sistema de coordenadas", mais útil para a descrição matemática, podemos então dizer: a pedra descreve uma linha reta com relação a um sistema de coordenadas apenso ao vagão, mas uma parábola com relação a um sistema de coordenadas apenso ao solo. Neste exemplo se vê claramente que não existe uma trajetória[7] em si própria, mas apenas uma trajetória em relação a um determinado corpo referencial.

Uma descrição *completa* do movimento, no entanto, só terá lugar se especificarmos como o corpo muda de posição *com o tempo*; isto é, para cada ponto da trajetória deve-se especificar a que tempo o corpo lá se encontra. Esses dados devem ser suplementados por uma definição de tempo tal que seja possível, de acordo com essa definição, considerar esses valores de tempo como grandezas em princípio observáveis, isto é, resultantes de medidas. A esta exigência satisfazemos, situando-nos no domínio da mecânica clássica, da seguinte forma: imaginemos dois relógios de manufatura idêntica, um na mão do observador à janela do trem, outra na mão do que está à beira do caminho. Cada observador determina em que posição, relativa a seu próprio referencial, a pedra se encontra a

7. Isto é, a curva descrita pelo corpo em movimento.

cada tique-taque do relógio que ele tem na mão. Aqui não levamos em conta a imprecisão causada pelo fato de a luz se propagar a velocidade finita. Mais tarde trataremos em detalhe desta dificuldade e de uma outra que também se interpõe aqui.

4.

O SISTEMA DE COORDENADAS GALILEANO

Sabemos que o assim chamado princípio da inércia, uma lei básica da mecânica galileana e newtoniana, afirma que um corpo afastado o bastante de outros corpos permanece em repouso ou em movimento linear uniforme. Este princípio fala não apenas do movimento dos corpos, mas também da admissibilidade do referencial (ou sistema de coordenadas) usado na descrição do movimento. As estrelas fixas visíveis são corpos aos quais o princípio da inércia sem dúvida se aplica com alto grau de aproximação. Ora, se usarmos um sistema de coordenadas apenso à Terra, verificamos que com relação a esse sistema cada estrela fixa descreve, no decorrer de um dia (astronômico), um círculo imenso, em contradição com o enunciado do princípio da inércia. Segue-se que se quisermos nos ater a este princípio só podemos expressar o movimento em sistemas de coordenadas relativos aos quais as estrelas fixas não sofram tais movimentos circulares. Um sistema de coordenadas cujo estado de movimento é tal que o princípio da inércia se aplica a ele é chamado de *sistema de coordenadas galileano*. Apenas para tais sistemas é que se pode esperar que tenham validade as leis da mecânica galileana e newtoniana.

5.

O PRINCÍPIO DA RELATIVIDADE (EM SENTIDO ESTRITO)

Imaginemos outra vez, para firmar as ideias o mais possível, um vagão de trem movendo-se a velocidade constante. Dizemos que seu movimento é de translação uniforme: "uniforme" por ser constante em velocidade e direção, e "translação" porque, embora o vagão mude de lugar em relação ao solo, ele não sofre ao mesmo tempo nenhuma rotação. Suponhamos que um corvo está voando de tal forma que seu movimento, observado da estrada, é retilíneo e uniforme. Observado do trem, o voo do corvo é também retilíneo e uniforme, ainda que de velocidade e direção diferentes do que quando observado do chão. De forma mais abstrata: se uma massa m está em movimento retilíneo uniforme com relação a um sistema de coordenadas K, ela também está em movimento retilíneo uniforme com relação a um segundo sistema de coordenadas K', caso este esteja em translação uniforme com relação a K. Daí podemos concluir o seguinte, levando em conta o dito no parágrafo anterior:

Se K é um sistema de coordenadas galileano, qualquer sistema de coordenadas K' que esteja em movimento de translação uniforme com respeito a K é também galileano. Em termos de K' valem as leis da mecânica galileana e newtoniana tanto quanto em termos de *K*.

Vamos dar mais um passo na direção da generalidade enunciando este princípio: se *K'* é um sistema de coordenadas que está em movimento uniforme e livre de rotação com respeito a *K*, os eventos naturais decorrem em relação a *K'* de acordo com exatamente as mesmas leis gerais do que em relação a *K*. A essa afirmação chamamos de *princípio da relatividade* (em sentido estrito).

Enquanto estávamos convencidos de que todos os eventos naturais são representáveis de acordo com a mecânica clássica, não era possível duvidar da validade do princípio da relatividade. Mas com o desenvolvimento recente da eletrodinâmica e da óptica, tem ficado cada vez mais óbvio que a mecânica clássica não basta para descrever todos os fenômenos da natureza. Com isso, a questão da validade do princípio da relatividade passou a ser discutível, e parecia não estar mais fora de cogitação que a resposta a essa questão fosse negativa.

No entanto, há dois fatos gerais que desde o início pesam muito em favor da validade do princípio da relatividade. Primeiro, embora a mecânica clássica não seja base ampla o bastante para a representação teórica de *todos* os fenômenos naturais, ela merece crédito por um enorme conteúdo de verdade, pois explica e prediz, com acuidade impressionante, os movimentos reais dos corpos celestes. Assim, quanto mais não seja, o princípio da relatividade há de valer com grande precisão no domínio da *mecânica*. Mas a priori é pouco provável que um princípio tão geral e que vale tão exatamente em *um* domínio fenomenológico não se aplique a outros domínios.

O segundo argumento, sobre o qual voltaremos a falar mais tarde, é o seguinte: se o princípio da relatividade (em sentido estrito) não valer, os vários sistemas de coordenadas galileanos *K*, *K'*, *K"* etc. que estão em movimento retilíneo uniforme em relação uns aos outros, não serão mais *equivalentes* para a descrição dos eventos naturais. Neste caso, seria difícil evitar a suposição de que as leis da natureza sejam formuláveis de forma particularmente simples e natural quando *um certo* sistema de coordenadas galileano, digamos K_0, é escolhido como referencial. Em vista de suas vantagens para a descrição dos fenômenos naturais, tal sistema faria jus à propriedade de "repouso absoluto", ao passo que outros sistemas galileanos estariam "em movimento". Por exemplo, se o solo adjacente à linha férrea é o sistema K_0, nosso vagão seria um sistema *K*, em relação ao qual as leis são expressas de forma menos simples do que em relação a K_0. Essa perda de simplicidade se explicaria pelo fato de o trem *K* estar em movimento com relação a K_0 ("movimento absoluto"). Nas leis naturais expressas em termos de *K*, a magnitude e a direção da velocidade do trem teriam que desempenhar algum papel. Por exemplo, seria de se esperar que o tom de um instrumento de sopro fosse diferente, dependendo de o instrumento estar alinhado com a direção do movimento ou perpendicular a este. Ora, a Terra, em virtude de seu movimento de translação, é como um vagão de trem movendo-se à velocidade de trinta quilômetros por segundo. Portanto, se o princípio da relatividade não valer, é de se esperar que a direção instantânea do movimento da Terra desempenhe um papel nas leis naturais, e portanto que o comportamento de um sistema físico dependa de sua orientação espacial com respeito à Terra, pois não é possível que a Terra, cuja velocidade de translação muda de direção continuamente ao decorrer do ano, esteja o tempo todo em repouso com respeito ao hipotético sistema K_0. Mas, mesmo com os maiores cuidados experimentais, nunca se constatou tal anisotropia do espaço físico sobre a Terra, isto é, nunca houve indicação de que as diferentes direções não sejam equivalentes. Esse é um argumento de grande peso em favor do princípio da relatividade.

6.

O TEOREMA DE ADIÇÃO DE VELOCIDADES SEGUNDO A MECÂNICA CLÁSSICA

Suponhamos que nosso já bem conhecido vagão de trem esteja se movendo com velocidade v ao longo dos trilhos e que, dentro do vagão, uma pessoa esteja andando na direção do movimento do trem com velocidade w. Com que velocidade W estará ela se movendo quando observada da estrada? A única resposta possível parece ser a baseada no seguinte raciocínio:

Se a pessoa estivesse parada no trem, com respeito ao solo ela avançaria em um segundo uma distância v igual à velocidade do trem. Como ela está andando, neste mesmo segundo ela avança dentro do trem uma distância w, dada pela velocidade do seu andar. Durante este segundo, portanto, a pessoa avança com relação ao solo um total de

$$W = v + w,$$

isto é, sua velocidade relativa ao solo é $v+w$. Mais tarde veremos que este raciocínio, que estabelece o teorema de adição de velocidades segundo a mecânica clássica, é insustentável, e que a equação que acabamos de derivar não é válida; mas por enquanto vamos supor que seja válida e examinar suas consequências.

7.

A INCOMPATIBILIDADE APARENTE ENTRE A LEI DE PROPAGAÇÃO DA LUZ E O PRINCÍPIO DA RELATIVIDADE

Se há uma lei física simples, é a da velocidade de propagação da luz. Todo aluno de escola sabe, ou imagina saber, que a luz se propaga em linha reta com velocidade c = 300.000 km/s. Sabemos também com grande precisão que esta velocidade é a mesma para todas as cores; pois, se não fosse assim, uma estrela fixa que é encoberta por uma companheira mais apagada teria seu mínimo de luminosidade observado da Terra em diferentes momentos para diferentes cores.[8] Mediante um raciocínio similar envolvendo observações de estrelas binárias, o astrônomo holandês Willem de Sitter foi capaz de demonstrar também que a velocidade de propagação da luz não depende da velocidade de movimento do corpo emitente. A possibilidade da velocidade de

8. O autor se refere aos chamados sistemas binários eclipsantes, nos quais duas estrelas de diferentes magnitudes orbitam em torno uma da outra de tal forma que periodicamente uma se interpõe entre a outra e o observador terrestre. Vale também observar que o termo " estrela fixa" é convencional mesmo no caso de estrelas como estas, que não estão nem de longe em situação inercial. (N.T.)

propagação depender da direção de propagação "no espaço" é em si improvável.

Em suma, vamos supor que os alunos tenham toda a razão em acreditar na lei que diz que a velocidade de propagação da luz (no vácuo) é uma constante c. Quem poderia pensar que essa simples lei seria capaz de criar as maiores dificuldades intelectuais para o físico consciencioso? Eis como isso acontece:

Obviamente o processo de propagação da luz, como qualquer outro, tem que ser expresso em termos de um corpo rígido de referência, ou sistema de coordenadas. Tomemos como referencial mais uma vez o solo ou caminho adjacente à estrada de ferro. Imaginemos que a atmosfera ambiente tenha sido removida. Suponhamos que seja emitido ao longo do caminho um raio de luz cuja extremidade dianteira avance com velocidade c com relação ao caminho, de acordo com o exposto acima. Suponhamos também que nos trilhos corra um vagão de trem com velocidade v, na mesma direção que o raio de luz, se bem que muito mais devagar. Está claro que as considerações do capítulo anterior se aplicam aqui, a pessoa que caminhava dentro do trem sendo substituída pelo raio de luz. Em vez da velocidade W do passageiro com relação ao solo, temos a velocidade c da luz com relação ao mesmo, enquanto que w é agora a velocidade da luz relativa ao trem, que portanto é dada por

$$w = c - v .$$

Isto é, a velocidade de propagação do raio de luz com respeito ao vagão de trem é menor que c.

Mas esse resultado está em conflito com o princípio da relatividade exposto no capítulo 5. Isso porque a lei de propagação da velocidade no vácuo, como toda lei geral da natureza, deveria, de acordo com o princípio da relatividade, ter o mesmo enunciado quer o referencial seja o trem ou o solo. Mas acabamos de obter o resultado oposto: se todo raio de luz se propaga com velocidade c com relação ao solo, então aparentemente a lei de propagação da luz deve ser outra quando expressa em relação ao trem. E isso contradiz o princípio da relatividade.

Em vista desse dilema, parece inevitável abrirmos mão ou do princípio da relatividade ou da lei simples de propagação da luz no vácuo. Com certeza o leitor que tem seguido a discussão com atenção poderá esperar que o princípio da relatividade, que em sua naturalidade e simplicidade parece quase irrefutável, deve ser mantido, enquanto a lei de propagação da luz no vácuo terá que ser substituída por uma mais complicada, porém compatível com o princípio da relatividade. No entanto, o desenvolvimento da física teórica já mostrou que essa opção é inviável: de acordo com as pesquisas teóricas pioneiras de H.A. Lorentz sobre os processos eletrodinâmicos e ópticos em corpos em movimento, os resultados experimentais estabelecidos nesses campos só podem conduzir a uma teoria de propagação eletromagnética cuja consequência inevitável é a constância da velocidade de propagação da luz no vácuo. Os líderes da física teórica estavam, portanto, mais inclinados a rejeitar o princípio da relatividade, apesar da completa ausência de qualquer resultado experimental que contradissesse esse princípio.

Foi aí que entrou em cena a teoria da relatividade. Por meio da análise dos conceitos físicos de espaço e tempo, mostrou-se que *na realidade não existe a menor incompatibilidade entre o princípio da relatividade e a lei de propagação da luz* e que, ao contrário, se nos ativermos sistematicamente a ambas essas leis, podemos derivar delas uma teoria logicamente coerente. Desta teoria, que chamamos de "teoria da relatividade especial" em contraste com a generalização de que trataremos mais tarde, exporemos agora as ideias básicas.

8.

SOBRE O CONCEITO DE TEMPO NA FÍSICA

Caíram relâmpagos em dois pontos distantes *A* e *B* da nossa estrada de ferro. Afirmo também que os dois raios atingiram os trilhos *ao mesmo tempo*. Se eu lhe perguntar, caro leitor, se esta última afirmação tem sentido, é certo que você responderá com convicção que sim. Mas, se eu lhe pedir então que me explique mais precisamente o que isso quer dizer, você notará depois de pensar um pouco que a resposta não é tão fácil como parecia num primeiro momento.

Depois de um certo tempo talvez lhe ocorra dizer o seguinte: "O significado da afirmação é óbvio em si mesmo e não requer nenhum esclarecimento adicional; porém, se eu tiver que decidir num caso concreto se os dois eventos foram simultâneos ou não, será necessário pensar um pouco". Mas não posso me dar por satisfeito com esta resposta pela seguinte razão: digamos que um talentoso meteorologista tenha descoberto, por meio de algum raciocínio brilhante, que o relâmpago sempre atinge os pontos *A* e *B* ao mesmo tempo. Seria o caso então de verificar experimentalmente se esse resultado teórico corresponde à realidade. O mesmo se dá com todas as afirmações da física que envolvem a noção de simultaneidade. Tal conceito existe para o físico apenas na medida em que seja possível estabelecer em casos particulares se há ou não simultaneidade. Portanto, uma definição de simultaneidade não pode se furtar a prover um método que permita estabelecer experimentalmente neste caso concreto se os relâmpagos caem ao mesmo tempo. Enquanto tal método não for explicitado, eu, como físico (e, aliás, como não físico também!), estou apenas me iludindo ao imaginar que uma afirmação de simultaneidade tem sentido. (Antes de prosseguir, caro leitor, reflita sobre isso até poder me conceder com convicção que assim é.)

Depois de pensar mais um pouco talvez você me ofereça a seguinte sugestão como teste de simultaneidade. Seja a distância *AB* medida ao longo da via férrea e um observador postado à meia-distância no ponto *M*. Suponhamos que ele disponha de um aparelho – digamos um par de espelhos dispostos em ângulo reto – que lhe permita ver os pontos *A* e *B* com uma só visada. Então diremos que os dois raios são simultâneos se o observador os vê ao mesmo tempo.

Essa sugestão me satisfaz bastante, e eu daria a questão por esclarecida se não me sentisse constrangido a interpor a seguinte objeção: "Sua definição seria sem dúvida correta se eu já soubesse que a luz que chega ao observador em *M* dando-lhe conhecimento do relâmpago propaga-se com a mesma velocidade no percurso *A*→*M* do que no percurso *B*→*M*. Mas só pode verificar esse pré-requisito quem já dispõe de meios de medir o tempo. Parece que estamos num círculo vicioso".

Após refletir mais um pouco, você me lançaria um olhar um tanto desdenhoso e explicaria: "Mesmo assim eu mantenho minha definição anterior, pois na verdade ela não pressupõe nada sobre a luz. A *única* exigência a ser satisfeita pela definição desejada é que permita em cada caso real uma determinação empírica da existência ou não de simultaneidade, e é inegável que minha definição faz isso. Que a luz requer o mesmo tempo para fazer o percurso $A \rightarrow M$ do que o percurso $B \rightarrow M$ não é na realidade nem *suposição* nem *hipótese*, mas sim uma *estipulação* que eu posso, de direito, postular para chegar a uma definição de simultaneidade".

Claro que essa definição pode ser usada para dar um sentido exato à declaração de simultaneidade não só de *dois* eventos mas de qualquer número deles, não importa o quão distantes com relação ao corpo de referência estejam os locais de ocorrência desses eventos.[9] Desta maneira chega-se a uma definição de "tempo" na física. Efetivamente, imaginemos postos nos pontos *A*, *B*, *C* do corpo de referência – a estrada de ferro – três relógios de manufatura idêntica, de tal forma que mostrem simultaneamente (no sentido acima) a mesma hora. Então entende-se o valor de tempo, ou momento, em que um

9. Vamos supor ainda que, quando três eventos *A*, *B* e *C* ocorrem em locais diferentes de tal maneira que quando *A* e *B* são simultâneos (no sentido da definição dada) e *B* e *C* também são simultâneos, o critério de simultaneidade também é satisfeito para o par de eventos *A* e *C*. Essa é uma hipótese física sobre a lei de propagação da luz, e ela sem dúvida tem que ser satisfeita para que seja possível a validade da lei que diz que a velocidade da luz no vácuo é constante.

evento ocorre como sendo a hora mostrada pelo relógio imediatamente vizinho (no espaço) ao local de ocorrência do evento. Desta maneira associa-se a cada evento um valor de tempo que é em princípio observável.

Essa afirmação pressupõe ainda uma outra hipótese física, de cuja validade não há por que duvidar, na ausência de contraexemplos empíricos. A saber, supomos que todos esses relógios tenham "andamento igual" por serem de manufatura idêntica. Mais exatamente: dados dois relógios em repouso em diferentes pontos do corpo de referência, se *alguma* hora é mostrada por um deles *simultaneamente* (no sentido acima) à *mesma* hora no outro, então *qualquer* hora mostrada por um ocorre *simultaneamente* (ainda no sentido acima) à mesma hora no outro.

9.

A SIMULTANEIDADE É RELATIVA

Até agora consideramos simultaneidade com relação a um determinado referencial, que escolhemos como sendo o solo. Agora imagine um longuíssimo trem correndo nos trilhos com velocidade constante v, na direção mostrada na figura 1. Para os passageiros do trem é conveniente usá-lo como referencial; eles consideram todos os eventos do ponto de vista do trem. Todo evento que ocorre ao longo da linha férrea toma lugar num certo ponto do trem. Pode-se formular a definição de simultaneidade com relação ao trem exatamente do mesmo modo que em relação ao solo. Mas então surge naturalmente a pergunta:

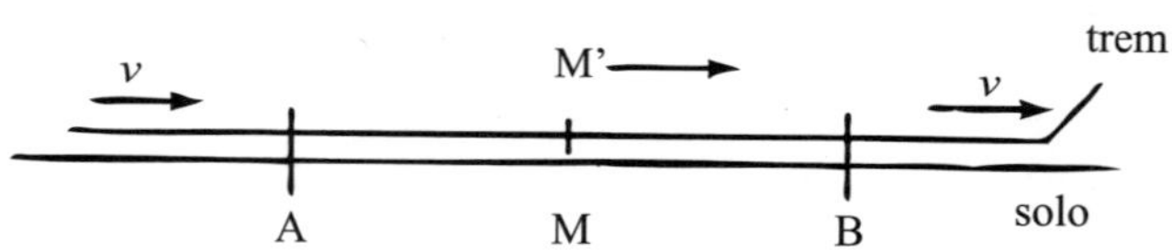

Figura 1

Se dois eventos (por exemplo, relâmpagos A e B) são simultâneos *em relação ao solo*, será que também o são *em relação ao trem*? Logo veremos que a resposta tem que ser não.

Dizer que os relâmpagos *A* a *B* são simultâneos em relação ao solo quer dizer que os raios de luz emitidos a partir de *A* e de *B* pelos relâmpagos se encontram no ponto médio *M* do segmento *A*→*B* da estrada de ferro. Ora, aos eventos *A* e *B* também correspondem pontos *A* e *B* do trem. Seja *M'* o ponto médio do segmento *A*→*B* do trem em movimento. No momento em que caem os relâmpagos (segundo observados do solo!), este ponto *M'* coincide com *M*, mas ele avança para a direita (na situação da figura) com a velocidade *v* do trem. Um passageiro inicialmente em *M'* que não tivesse velocidade com relação ao solo permaneceria em *M* e veria os relâmpagos de *A* e de *B* simultaneamente; isto é, os raios de luz oriundos dos dois relâmpagos se encontrariam onde está o passageiro. Mas em vez disso o passageiro está avançando (do ponto de vista do solo) de encontro ao raio de luz oriundo de *B*, e recuando do raio provindo de *A*. Assim sendo, o raio de luz vindo de *B* será visto primeiro. Em suma, um observador que toma o trem como referencial deve concluir que o relâmpago *B* caiu antes do relâmpago *A*. Chegamos assim ao seguinte resultado:

Eventos que ocorrem simultaneamente com relação ao solo não são simultâneos com relação ao trem, e vice-versa. Isto é, a simultaneidade é relativa. Cada referencial (sistema de coordenadas) tem sua própria noção de tempo; especificar um valor de tempo só faz sentido quando se especifica o referencial ao qual ele se refere.

Antes da teoria da relatividade, a física sempre supôs tacitamente que a noção de tempo é absoluta, isto é, independente do estado de movimento do referencial. Mas essa hipótese é incompatível com a definição mais óbvia de simultaneidade, como acabamos de ver. Se a deixarmos de lado, o conflito exposto no capítulo 7 entre a lei da propagação da luz no vácuo e o princípio da relatividade desaparece.

Com efeito, esse conflito nasceu do raciocínio do capítulo 6, que agora teremos ocasião de corrigir. Lá arguimos que o passageiro que percorre a distância *w* em relação ao trem *em um segundo* também percorre essa distância em relação ao solo[10] *em um segundo*. Mas, como acabamos de ver, não se pode esperar que o tempo tomado por um determinado processo seja o mesmo quando o processo é considerado do ponto de vista do trem do que quando se toma o solo como referencial. Portanto, aquele argumento estava incorreto: não se pode pretender que o tempo necessário para o passageiro andar uma distância *w* em relação ao solo seja, quando considerado do ponto de vista do solo, igual a um segundo.

O raciocínio do capítulo 6, além disso, se baseia em uma segunda suposição, que, à luz de um exame mais aprofundado, se mostra arbitrária, embora tenha sempre sido aceita (tacitamente) antes do advento da teoria da relatividade.

10. Ao falar da distância percorrida pelo passageiro – em relação ao solo –, o autor está elidindo aquela devida ao movimento do trem. (N.T.)

10.

A NOÇÃO DE DISTÂNCIA É RELATIVA

Marquemos dois pontos determinados de um trem[11] que se move com velocidade v ao longo da via férrea, e consideremos a distância que os separa. Já sabemos que para medir distâncias é preciso fixar um referencial com relação ao qual as distâncias sejam tomadas. O mais simples é tomar o próprio trem como referencial (sistema de coordenadas). Um observador dentro do trem mede a distância colocando sua régua sobre uma linha reta (no chão dos vagões, digamos) tantas vezes quanto necessário para ir de um dos pontos marcados até o outro. O número de vezes é a distância desejada.

A situação é diferente quanto à distância observada da via férrea. Para este caso presta-se o seguinte método: sejam *A'* e *B'* os pontos marcados do trem cuja distância queremos medir. Ambos se movem em relação ao solo com velocidade v. Indagamos primeiro sobre os pontos *A* e *B* dos trilhos pelos quais passam os pontos *A'* e *B'* num dado momento de tempo t, medido pelo relógio dos trilhos. Esses pontos *A* e *B* são determináveis graças à definição de tempo dada no capítulo 8. Em seguida determinamos a distância entre *A* e *B* pela colocação repetida de réguas ao longo dos trilhos.

11. Digamos o meio do primeiro vagão e do centésimo.

A priori não é óbvio que essa segunda medição dá o mesmo resultado que a primeira. Isto é, do ponto de vista dos trilhos o comprimento do trem pode ser diferente do que do ponto de vista do trem. Isso nos leva a formular uma segunda objeção ao raciocínio empregado no capítulo 6, que parecia tão plausível: se o passageiro percorre a distância *w – medida no trem* – em uma unidade de tempo, não quer dizer que a distância percorrida – *medida no referencial dos trilhos* – seja também igual a *w*.

11.

A TRANSFORMAÇÃO DE LORENTZ

O material dos três últimos capítulos mostrou que a aparente incompatibilidade entre a lei da propagação da luz e o princípio da relatividade introduzido no capítulo 7 deriva-se de um raciocínio baseado em duas hipóteses da mecânica clássica que não se justificam, a saber:

1. O intervalo de tempo entre dois eventos é independente do estado de movimento do corpo de referência.
2. O intervalo espacial, ou distância, entre dois pontos de um corpo rígido é independente do estado de movimento do corpo de referência.

Se abandonarmos essas hipóteses, desaparece o dilema do capítulo 7, porque o teorema de adição de velocidades deduzido no capítulo 6 se torna inválido. Vislumbramos então a possibilidade de que a lei da propagação da luz no vácuo seja reconciliável com o princípio da relatividade. Deparamo-nos com a questão: como modificar as considerações do capítulo 6 a fim de eliminar a aparente contradição entre esses dois resultados experimentais fundamentais? Tal pergunta conduz a uma mais geral. No capítulo 6 foi necessário considerar posições e tempos. Como podemos determinar a posição e o momento de um evento em relação ao trem, sabendo a posição e o momento do evento em relação ao solo? É possível conceber uma resposta a essa pergunta por meio da qual a lei da propagação da luz no vácuo não contradiga o princípio da relatividade? Em outras palavras: é possível achar uma equação entre lugar e tempo relativos aos dois referenciais, tal que quando aplicada a eventos individuais resulte em que todo raio de luz se propaga com velocidade *c* tanto em relação ao solo quanto em relação ao trem? Essa pergunta leva a uma resposta afirmativa e bem definida, a uma lei de transformação das coordenadas espaciais e temporal de um evento ao passar de um referencial a outro.

Antes de entrarmos nisso, uma observação suplementar faz-se necessária. Até agora só consideramos eventos ocorridos ao longo da via férrea, a qual matematicamente tinha que assumir a função de uma linha reta. Mas, segundo o método indicado no capítulo 2, pode-se também imaginar a extensão do corpo de referência para os lados e para cima por meio de um arcabouço tridimensional ou andaime, de forma que um evento ocorrido onde quer que seja possa ser localizado com relação a esse arcabouço. Analogamente pode-se imaginar um arcabouço estendendo-se por todo o espaço a partir do trem e movendo-se junto com ele, com velocidade *v*, de forma que qualquer evento, ainda que afastado, possa ser localizado com relação a este segundo arcabouço. (Sem cair em erro conceitual, podemos ignorar o fato de que dois tais arcabouços na realidade entrariam em colisão imediata devido à impenetrabilidade dos sólidos.) Em cada um dos arcabouços, destaquemos três paredes perpendiculares que denominaremos de planos coordenados, obtendo assim dois sistemas de coordenadas: o dos trilhos, que denotamos por K, e o do trem, que denotamos por K'. Um evento será espacialmente especificado em termos de K pelos valores algébricos x, y, z das distâncias perpendiculares do seu local de ocorrência, seja qual for, aos três planos coordenados de K, e temporalmente especificado por um valor de tempo t. *O mesmo evento* será especificado espacial e temporalmente com relação a K' pelos valores correspondentes x', y', z', t', que naturalmente não coincidem com x, y, z, t. O modo como essas grandezas podem ser determinadas fisicamente por meio de medições já foi explicado em detalhe.

Está claro como formular nosso problema de forma exata: que valor têm as grandezas x', y', z', t' de um evento em relação a K', dados os valores de x, y, z, t do mesmo evento em relação a K? As equações devem ser escolhidas de modo que a lei de propagação da luz no vácuo para um determinado raio de luz (e obviamente para todo raio) seja satisfeita igualmente com relação a K e a K'. Para a orientação relativa do sistema de coordenadas espacial indicada na figura 2, o problema é resolvido pelas equações

$$x' = \frac{x - vt}{\sqrt{1 - \frac{v^2}{c^2}}}$$

$$y' = y$$

$$z' = z$$

$$t' = \frac{t - \frac{v}{c^2}x}{\sqrt{1 - \frac{v^2}{c^2}}}$$

que são em conjunto conhecidas pelo nome de *transformação de Lorentz.*[12]

Agora, se em vez da lei da propagação da luz tivéssemos pressuposto as hipóteses tácitas da mecânica clássica sobre o caráter absoluto do tempo e das distâncias, a transformação seria dada em vez disso pelas equações

$$x' = x - vt$$

$$y' = y$$

$$z' = z$$

$$t' = t$$

que em conjunto são frequentemente chamadas de *transformação de Galileu*. A transformação de Galileu resulta da transformação de Lorentz quando nesta se dá à velocidade da luz c um valor infinito.

12. Uma dedução simples da transformação de Lorentz é dada no apêndice.

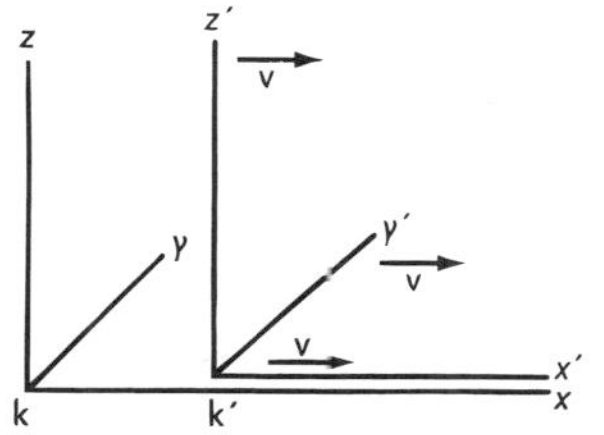

Figura 2

Exemplificamos agora como a transformação de Lorentz faz valer a lei de propagação da luz no vácuo igualmente para *K* e para *K'*. Suponhamos que um sinal luminoso é enviado ao longo do eixo dos *x*, avançando de acordo com a equação

$$x = ct,$$

isto é, com velocidade *c*. De acordo com as equações da transformação de Lorentz, essa relação simples entre *x* e *t* implica uma relação entre *x'* e *t'*. Efetivamente, substituindo *x* por *ct* na primeira e na quarta equações da transformação de Lorentz, obtemos

$$x' = \frac{(c - v)t}{\sqrt{1 - \frac{v^2}{c^2}}}$$

$$t' = \frac{(1 - \frac{v}{c})t}{\sqrt{1 - \frac{v^2}{c^2}}}.$$

Dividindo o valor de *x'* pelo de *t'* segue-se imediatamente que

$$x' = ct'.$$

Essa equação descreve a propagação da luz com respeito ao sistema *K'*. Assim, vê-se que a velocidade de propagação com respeito ao corpo de referência *K'* também é igual a *c*. O mesmo se dá com raios luminosos em qualquer outra direção. Claro que isso não é surpresa, visto que as equações da transformação de Lorentz foram deduzidas exatamente deste ponto de vista.

12.

COMPORTAMENTO DAS RÉGUAS E DOS RELÓGIOS EM MOVIMENTO

Suponhamos que eu coloque uma régua de um metro sobre o eixo dos *x'* de *K'* de forma que seu ponto inicial esteja em *x'* = 0 e seu ponto final em *x'* = 1. Qual é o comprimento desta régua com relação ao sistema *K*? Para ficar sabendo, precisamos apenas perguntar onde estão os pontos iniciais e finais em relação a *K*, num determinado momento *t* do sistema *K*. Para esses dois pontos temos, usando a primeira equação da transformação de Lorentz aplicada ao tempo *t* = 0,

$$x(inicial) = 0.\sqrt{1 - \frac{v^2}{c^2}}$$

$$x(final) = 1.\sqrt{1 - \frac{v^2}{c^2}}$$

de forma que a distância entre os dois pontos é $\sqrt{1 - v^2/c^2}$. Mas com respeito a *K* a régua está se movendo com velocidade *v*. Segue-se que um segmento de um metro (num determinado referencial) que se move com velocidade *v* (com relação a esse referencial) tem comprimento $\sqrt{1 - v^2/c^2}$ em seu próprio referencial.

Uma régua em movimento é portanto mais curta que a mesma régua em repouso, e, quanto mais rápido o movimento, mais curta ela se torna. No caso da velocidade $v = c$, teríamos $\sqrt{1 - v^2/c^2} = 0$, e para velocidades ainda maiores a raiz é imaginária. Concluímos que na teoria da relação a velocidade da luz c tem o papel de velocidade-limite, que não pode ser atingida e ainda menos ultrapassada por nenhum corpo real.

Aliás, esse papel-limite da velocidade da luz já se observa nas próprias equações da transformação de Lorentz, pois elas perdem o sentido quando v é maior que c.

Se, ao contrário, tivéssemos tomado uma régua de um metro em repouso no eixo dos x com relação a K, concluiríamos que, do ponto de vista de K', seu comprimento seria de $\sqrt{1 - v^2/c^2}$; isso está em perfeito acordo com o princípio da relatividade, que usamos como base para nossas considerações.

Que as equações de transformação devem nos dar informações sobre o comportamento físico de réguas e relógios está claro a priori, porque as grandezas x, y, z, t são nada mais nada menos que resultados de medidas obtidos com réguas e relógios. Se tomássemos como base a transformação de Galileu, as equações não levariam a um encurtamento da régua em movimento.

Agora vamos considerar um relógio de segundos, que permanece parado na origem ($x' = 0$) do referencial K'. Sejam tique-taques consecutivos do relógio $t' = 0$ e $t' = 1$. Para esses dois eventos, a primeira e a quarta equações da transformação de Lorentz dão o resultado

$$t = 0$$

e

$$t = \frac{1}{\sqrt{1 - \frac{v^2}{c^2}}}.$$

Observado desde K, este relógio se move com velocidade v; neste referencial, o tempo transcorrido entre os tique-taques não é um segundo, mas

$$\frac{1}{\sqrt{1 - \frac{v^2}{c^2}}}$$

segundo, que é um pouco maior. Assim, o relógio em movimento anda mais devagar do que em repouso. Aqui também a velocidade c tem o papel de velocidade-limite, inatingível.

13.

O TEOREMA DE ADIÇÃO DE VELOCIDADES E O EXPERIMENTO DE FIZEAU

Como na prática as velocidades que podemos imprimir a relógios e réguas são pequenas em relação à velocidade da luz c, é difícil comparar os resultados dos parágrafos anteriores com a realidade. Por outro lado, o leitor deve achá-los muito estranhos, e por isso vou agora extrair da teoria uma outra consequência, que se deriva sem dificuldade do já explicado e que se deixa confirmar esplendidamente.

No capítulo 6 deduzimos o teorema de adição de velocidades de mesma direção e sentido de acordo com as hipóteses da mecânica clássica. Ele é uma consequência fácil da transformação de Galileu (capítulo 11). Em vez de o homem andando no trem, introduzimos um ponto cujo movimento com relação ao sistema de coordenadas K' é dado pela equação

$$x' = wt'.$$

Da primeira e da quarta equações da transformação de Galileu sabemos a expressão de x' e t' em função de x e t, e portanto obtemos

$$x = (v + w)t.$$

Essa equação é exatamente a expressão do movimento do ponto em relação ao sistema *K* (isto é, do passageiro em relação ao solo), cuja velocidade denotamos por *W*, de forma que, como no capítulo 6, obtemos

$$W = v + w. \tag{A}$$

Ora, as mesmas considerações podem ser feitas partindo-se da teoria da relatividade. Neste caso, temos que substituir na equação

$$x' = wt'$$

os valores de *x* e *t* dados pela primeira e pela quarta equações *da transformação de Lorentz*. Com isso se obtém, em vez da equação A, o seguinte:

$$W = \frac{v + w}{1 + \frac{vw}{c^2}}. \tag{B}$$

Esse é o teorema de adição de velocidades de mesma direção e sentido de acordo com a teoria da relatividade. A questão agora é saber qual desses teoremas corresponde à experiência. Nesse sentido, é elucidativo um experimento importantíssimo realizado pelo brilhante físico Fizeau há mais de meio século que desde então tem sido repetido pelos melhores físicos experimentais, portanto seu resultado é indubitável. O experimento relaciona-se com a seguinte pergunta: sendo *w* a velocidade da luz num certo líquido em repouso, qual é a velocidade da luz no tubo *T* na direção da seta da figura, se o tubo está cheio desse líquido fluindo com velocidade v?

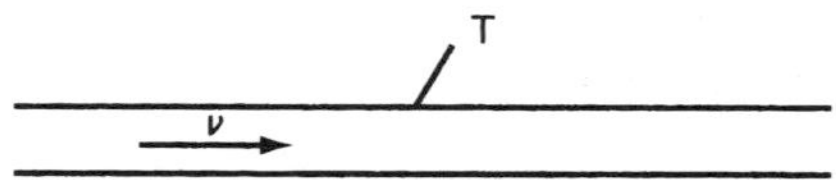

Tendo em vista o princípio da relatividade, vamos partir do pressuposto que, *com relação ao líquido*, a velocidade de propagação da luz é w, quer o líquido esteja em movimento em relação a outros corpos ou não. Assim, sabemos a velocidade da luz em relação ao líquido e a velocidade deste em relação ao tubo, e buscamos a velocidade da luz em relação ao tubo.

Está claro que se trata do mesmo problema do capítulo 6. O tubo assume o papel do trilho (sistema de coordenadas K), o líquido o papel do trem (sistema K') e a luz assume o papel do passageiro andando no trem, ou do ponto em movimento neste capítulo. Assim, se denotarmos por W a velocidade da luz relativa ao tubo, seu valor será dado pela equação (A) ou por (B), dependendo de ser a transformação de Galileu ou a de Lorentz que corresponde à realidade.

Assim é que o experimento[13] favorece a equação B deduzida da teoria da relatividade, e com grande precisão. Segundo as recentes e esplêndidas medições de Zeeman, o efeito da velocidade v do líquido na

13. Fizeau descobriu que $W = w + v\,(1 - 1/n^2)$, onde $n = c/w$ é o índice de refração do líquido. Visto que vw/c^2 é muito menor que 1, a equação (B) pode se aproximar por $W = (w+v)(1 - vw/c^2)$, ou ainda, com o mesmo grau de aproximação, $w + v\,(1 - 1/n^2)$, o que corresponde ao resultado de Fizeau.

propagação da luz é dado pela fórmula B com erro de menos de 1%.

Vale frisar aqui que uma teoria puramente eletrodinâmica deste fenômeno foi oferecida por H.A. Lorentz muito antes do advento da teoria da relatividade, usando determinadas hipóteses sobre a estrutura eletromagnética da matéria. Mas isso de maneira alguma diminui o valor do fenômeno como experimento decisivo em favor da teoria da relatividade. Isso porque a eletrodinâmica de Maxwell e Lorentz, sobre a qual repousava a explicação anterior, não contradiz de forma alguma a teoria da relatividade. Ao contrário, esta última se desenvolveu a partir daquela como uma unificação e generalização surpreendentemente simples das hipóteses, até então mutuamente desconexas, que serviram de fundamento para a eletrodinâmica.

14.

O VALOR HEURÍSTICO DA TEORIA DA RELATIVIDADE

A cadeia de argumentos exposta até agora pode ser resumida da seguinte forma: a experiência leva a crer que por um lado vale o princípio da relatividade (em sentido estrito) e por outro a velocidade da luz no vácuo deve ser considerada constante. Da conjunção desses dois postulados nasce a lei de transformação das coordenadas retangulares x, y, z e do tempo t dos eventos que constituem a natureza, e essa transformação não é a galileana (não obstante a mecânica clássica), mas sim a lorentziana.

Nessa cadeia de argumentos, desempenhou um papel importante a lei de propagação da luz, que podemos pressupor com justiça devido a nossos conhecimentos experimentais. Mas podemos também, agora que dispomos da transformação de Lorentz, uni-la ao princípio da relatividade e sintetizar a teoria por meio deste enunciado:

Toda lei natural deve satisfazer a propriedade de transformar-se numa versão idêntica de si mesma quando as coordenadas espaço-tempo x, y, z, t do sistema de coordenadas original K são substituídas pelas coordenadas espaço-tempo x', y', z', t' de um novo sistema K', no qual a conexão matemática entre as variáveis novas e antigas é dada por uma transformação de Lorentz. Mais sucintamente: as leis gerais da natureza são covariantes em relação às transformações de Lorentz.

Por ser essa uma condição matemática definitiva, que a teoria da relatividade prescreve para qualquer lei da natureza, esta teoria se mostra uma ferramenta heurística importante na busca de leis naturais gerais. Se for descoberta uma lei geral da natureza que não satisfaça essa condição, pelo menos um dos dois pressupostos básicos da teoria teria que ser rejeitado. Agora vamos ver a que resultados gerais a teoria da relatividade já levou.

15.

CONSEQUÊNCIAS GERAIS DA TEORIA

Como é evidente dado o que já foi dito, a teoria (especial) da relatividade evoluiu da eletrodinâmica e da óptica. Nesses campos ela não levou a mudanças radicais nos resultados, mas simplificou substancialmente a estrutura teórica, isto é, a dedução das leis. Muito mais importante ainda é que ela permitiu reduzir drasticamente o número de hipóteses mutuamente independentes subjacentes a essa estrutura teórica. Graças à relatividade especial, a teoria de Maxwell e de Lorentz adquiriu um tal poder lógico que teria sido objeto da aceitação geral dos físicos ainda que as provas experimentais a seu favor fossem menos convincentes.

A mecânica clássica precisou de uma modificação para poder se adequar às exigências da relatividade especial. Contudo, essa modificação essencialmente afeta apenas as leis de movimentos muito rápidos, em que a velocidade v da matéria não é desprezível em comparação com a velocidade da luz. Em nossa experiência, movimentos tão rápidos só são alcançados pelos elétrons e íons; no caso de outros móveis, a discrepância com relação às leis da mecânica clássica são pequenas demais para serem observadas na prática. Quanto ao movimento dos astros, só precisaremos abordá-lo no contexto da relatividade geral. Segundo a teoria da relatividade, a energia cinética de um ponto material de massa m não é mais dada pela conhecida fórmula

$$m\frac{v^2}{2},$$

mas pela fórmula

$$\frac{mc^2}{\sqrt{1-\frac{v^2}{c^2}}}.$$

Essa expressão se torna infinita quando a velocidade v se aproxima da velocidade da luz c. Assim, a velocidade deve sempre manter-se menor que c, por mais energia que se empregue na aceleração. Se expandirmos a expressão da energia cinética em série de potências, obtemos

$$mc^2 + m\frac{v^2}{2} + \frac{3}{8}m\frac{v^4}{c^2} + \cdots$$

Em comparação com o segundo termo – o único levado em consideração pela mecânica clássica –, o terceiro termo é sempre pequeno quando o quociente v^2/c^2 é muito menor que 1. O primeiro termo, mc^2, não envolve a velocidade, e portanto pode ser desconsiderado quando a questão é a dependência da energia de uma massa pontual em relação à velocidade. Sua importância, no entanto, é fundamental, como veremos.

O resultado geral mais importante da teoria da relatividade diz respeito à noção de massa. A física pré-relativística reconhece duas leis de conservação fundamentais, a lei de conservação da energia e a da conservação da massa, e as duas parecem inteiramente independentes uma da outra. A teoria da relatividade funde as duas leis em uma só. Como isso ocorre, e como essa fusão deve ser interpretada, é o que passamos a explicar brevemente.

O princípio da relatividade exige que a lei da conservação da energia valha não apenas em *um* sistema de coordenadas *K*, mas sim em qualquer sistema de coordenadas *K'* que esteja em movimento de translação uniforme em relação a *K* – em suma, em relação a qualquer sistema "galileano". A passagem de tal sistema a outro é regida pela transformação de Galileu, em contraste com a mecânica clássica.

Essas premissas, junto com as equações fundamentais da eletrodinâmica de Maxwell, conduzem obrigatoriamente, por meio de considerações relativamente simples, à seguinte conclusão: um corpo que voa com velocidade v e que ganha uma energia E_0 em forma de radiação[14], sem mudar de velocidade, sofre um aumento de sua energia cujo valor é

$$\frac{E_0}{\sqrt{1 - \frac{v^2}{c^2}}}.$$

Levando em conta a fórmula da energia cinética na página anterior, conclui-se que a energia do corpo passa a ser dada por

14. E_0 é a energia ganha do ponto de vista de um sistema de coordenadas solidário com o corpo móvel.

$$\frac{(m + \frac{E_0}{c^2})\, c^2}{\sqrt{1 - \frac{v^2}{c^2}}}.$$

Assim, o corpo agora tem a mesma energia que um corpo em movimento cuja massa é $m + E_0/c^2$. Pode-se dizer, portanto: se um corpo adquire energia E_0, sua massa aumenta de E_0/c^2; assim, a massa inercial de um corpo não é constante, mas varia conforme sua energia. A massa inercial de um sistema material pode ser virtualmente considerada uma medida de sua energia. A lei da conservação da massa de um sistema coincide com a da conservação da energia e só vale na medida em que o sistema não ganha nem perde energia. Se escrevermos a expressão da energia na forma

$$\frac{mc^2 + E_0}{\sqrt{1 - \frac{v^2}{c^2}}},$$

vemos que o termo mc^2, para o qual já chamamos atenção, é nada mais nada menos que a energia já possuída pelo corpo[15] antes de este adquirir a energia E_0.

A verificação experimental desta lei no momento é impossível, porque as mudanças de energia que podemos transmitir a um sistema não são grandes o bastante para permitir a detecção da mudança da massa inercial do sistema. O valor de E_0/c^2 é pequeno demais em comparação à massa m existente antes da mudança

15. Do ponto de vista de um sistema de coordenadas solidário com ele.

de energia. Devido a essas circunstâncias, foi possível estabelecer uma lei de conservação da massa com validade independente.

Façamos uma última observação sobre princípios. O sucesso da interpretação que Faraday e Maxwell deram à ação eletromagnética à distância, intermediada por processos cuja velocidade de propagação é finita, persuadiu os físicos de que não há ações à distância imediatas e instantâneas do tipo da lei da gravitação de Newton. Segundo a teoria da relatividade, em vez de uma ação instantânea à distância, isto é, uma ação à distância com velocidade de propagação infinita, só pode haver ação à distância com a velocidade da luz. Isso se relaciona com o papel fundamental que a velocidade *c* desempenha nessa teoria. Na segunda parte do livro mostraremos de que maneira esse resultado se altera na relatividade geral.

16.

A RELATIVIDADE ESPECIAL E A EXPERIÊNCIA

Até que ponto a teoria da relatividade especial tem respaldo experimental? Não é fácil responder a essa pergunta, por um motivo já mencionado quando falamos das investigações fundamentais de Fizeau. A teoria da relatividade especial cristalizou-se a partir da teoria de Maxwell e Lorentz dos fenômenos eletromagnéticos. Assim, todos os fatos experimentais que apoiam esta teoria também apoiam aquela. Ressalto aqui algo especialmente importante: a teoria da relatividade permite deduzir de forma muito simples, e em completo acordo com a experiência, o efeito que o movimento da Terra relativo às estrelas fixas exerce sobre a luz provinda destas. Trata-se, por um lado, da variação anual da posição aparente das estrelas fixas (aberração) que resulta do movimento de translação da Terra em torno do Sol, e, por outro, da influência da componente radial do movimento das estrelas fixas com relação à Terra na cor da luz delas provenientes; esta influência se manifesta por meio de um pequeno desvio das linhas espectrais da luz que nos alcança de uma estrela fixa com relação à posição espectral das mesmas linhas observadas no caso de uma fonte luminosa terrestre (princípio de Doppler).

Os argumentos experimentais em favor da teoria de Maxwell e Lorentz, que também apoiam a teoria relativística, são numerosos demais para formular aqui; basta dizer que eles efetivamente limitam as possibilidades teóricas a tal ponto que nenhuma outra teoria senão a maxwelliana-lorentziana permanece na arena quando confrontada com a experiência.

Mas há duas categorias de fatos experimentais estabelecidos até agora que só se enquadram na teoria de Maxwell e Lorentz com o auxílio de uma hipótese auxiliar, a qual por si mesma – isto é, sem recurso à teoria da relatividade – representa uma estranheza.

Sabe-se que os raios catódicos e os chamados raios beta emitidos por substâncias radioativas consistem de corpúsculos de carga negativa (elétrons) de inércia extremamente pequena e velocidade muito grande. Por meio da investigação da deflexão de tais raios sob o efeito de campos elétricos e magnéticos, pode-se estudar as leis de movimento desses corpúsculos de forma muito precisa.

O tratamento teórico desses elétrons esbarra com uma dificuldade: a eletrodinâmica sozinha não permite qualquer descrição da sua natureza. Pois, visto que massas elétricas do *mesmo* sinal se repelem, as partes constituintes do elétron, sendo de carga negativa, se afastariam umas das outras sob o feito de sua ação mútua, se não houvesse em ação entre elas outras forças, de natureza até agora obscura.[16] Ora, se

16. A teoria da relatividade geral permite conjecturar que as massas elétricas constituintes de um elétron se mantêm unidas graças às forças gravitacionais.

supusermos que as distâncias relativas entre as massas elétricas constituintes de um elétron se mantêm inalteradas durante o movimento do elétron – isto é, se trata-se de um corpo rígido no sentido da mecânica clássica –, chega-se a uma lei de movimento dos elétrons que não está de acordo com a experiência. Levado por considerações puramente formais, foi H.A. Lorentz o primeiro a introduzir a hipótese de que as dimensões do elétron sofrem, na direção do movimento, uma contração de fator proporcional a $\sqrt{1 - v^2/c^2}$. Essa hipótese, que não tem qualquer respaldo eletrodinâmico, leva à mesma lei de movimento que tem sido confirmada à luz da experiência em anos recentes.

A teoria relativística oferece a mesma hipótese, mas sem precisar de qualquer hipótese especial sobre a estrutura nem sobre o comportamento do elétron. A situação é análoga à do experimento de Fizeau sobre o qual versa o capítulo 13, cujo resultado é fornecido pela teoria da relatividade sem ser necessário levantar hipóteses sobre a natureza física do líquido.

A segunda categoria de fatos mencionados se relaciona com a seguinte questão: em experimentos realizados na Terra, o movimento desta no espaço é perceptível? Já mencionamos no capítulo 5 que todas as tentativas de estabelecer tal efeito resultaram negativas. Antes do advento da teoria da relatividade, esse resultado negativo deixou a ciência perplexa pela seguinte razão: a noção tradicional, preconcebida, de tempo e espaço não deixa dúvida de que a passagem de um referencial a outro é regida pela transformação de

Galileu. Supondo-se então que as equações de Maxwell e Lorentz valham num referencial *K*, conclui-se que elas não valem num referencial *K'* em movimento uniforme em relação a *K*, sempre no pressuposto de que a passagem de *K* a *K'* se dá pela transformação de Galileu. Com isso, parece essencial que entre todos os referenciais galileanos haja um (*K*) cujo estado de movimento é privilegiado para os efeitos da física. Para interpretar esse resultado fisicamente, postulava-se que *K* estava em repouso em relação a um hipotético éter luminoso, enquanto que todos os referenciais *K'* em movimento relativo a *K* moviam-se com relação ao éter. A esse movimento de *K'* em relação ao éter (ou "vento etéreo", no referencial *K'*) atribuía-se a forma complicada que as leis físicas assumiriam quando expressas em termos de *K'*. Logicamente, era necessário supor que a própria Terra era sujeita ao vento etéreo, e há muito tempo os físicos se esforçavam para demonstrar os efeitos desse vento.

Para essa demonstração, Michelson concebeu um experimento que parecia não poder falhar. Imagine-se, dispostos sobre um corpo rígido, dois espelhos voltados um para o outro. Um raio de luz requer um determinado tempo *T* para ir de um espelho a outro e voltar, caso o sistema todo esteja em repouso com relação ao éter. Mas, como se pode ver por meio de um cálculo, esse mesmo trajeto requer um tempo ligeiramente diferente, *T'*, se o corpo rígido e os espelhos estiverem em movimento em relação ao éter. E não é só isso. O cálculo mostra que, dada uma certa velocidade *v* de movimento relativo ao éter, esse tempo T' varia dependendo de o movimento ser paralelo ou perpendicular ao plano dos espelhos. Essa diferença calculada é tão minúscula que Michelson e Morley precisaram inventar uma técnica interferométrica para garantir que ela poderia ser detectada. Mas o resultado do experimento foi negativo, para grande perplexidade dos físicos. Lorentz e Fitzgerald resgataram a teoria dessa dificuldade ao postular que o movimento dos corpos com relação ao éter ocasiona a contração daqueles na direção do movimento, o que levaria à anulação da diferença entre os tempos de trajeto em questão. À luz do exposto no capítulo 12, vê-se que essa saída é correta também do ponto de vista da teoria relativística, com a diferença que, de acordo com esta teoria, o postulado se explica de maneira muito mais satisfatória. Pois, segundo a teoria relativística, não há referencial privilegiado nenhum – do tipo que originou a ideia do éter – e assim tampouco há vento etéreo ou experimento que possa pô-lo em evidência. A contração dos corpos em movimento é consequência apenas dos dois princípios fundamentais da teoria, sem apelo a hipóteses especiais; e, aliás, o que governa a contração não é o movimento por si, ao qual nem podemos atribuir sentido definido, mas sim o movimento em relação a um referencial considerado anteriormente. Assim é que o sistema de espelhos de Michelson e Morley não sofre encurtamento se considerado num referencial solidário com a Terra, mas sim quando considerado num referencial em repouso em relação ao Sol.

17.

O ESPAÇO QUADRIDIMENSIONAL DE MINKOWSKI

Quem não é matemático sente um calafrio místico quando ouve o termo "quatro dimensões", uma sensação não muito diferente do susto que se leva ao ver um fantasma no teatro. E, no entanto, não há afirmativa mais banal que a de que nosso mundo é um contínuo[17] de quatro dimensões espaço-tempo.

O *espaço* é um contínuo tridimensional. Quer dizer: é possível descrever a posição de um ponto (em repouso) por meio de três números, ou coordenadas, x, y e z, e, dado qualquer ponto, existem pontos arbitrariamente "próximos" dele, cuja posição é dada por (valores de) coordenadas x_1, y_1 e z_1 que diferem das do ponto original tão pouco quanto se queira. É esta segunda propriedade que nos leva a falar de um *contínuo*, enquanto que o número de coordenadas justifica o adjetivo *tridimensional*.

De forma análoga, o universo dos eventos físicos, que Minkowski chamou simplesmente de "mundo", é por natureza quadridimensional, no sentido do espaço-tempo. Pois ele se compõe de eventos individuais, cada um dos quais descrito por quatro números: três coor-

17. O substantivo "contínuo" na acepção usada pelo autor corresponde ao conceito que os físicos e matemáticos chamam hoje de "variedade". (N.T.)

denadas espaciais x, y, z e uma coordenada temporal, o valor t do tempo. Neste sentido, o "mundo" também é um contínuo, pois para cada dado evento existem outros eventos, reais ou imagináveis, arbitrariamente "próximos"; isto é, as coordenadas x_1, y_1, z_1, t_1 diferem das coordenadas x, y, z, t do evento original por valores tão pequenos quanto desejado. O não estarmos acostumados a perceber o mundo nesse sentido como um contínuo quadridimensional provém do fato de que, na física pré-relativística, o tempo desempenha um papel diferente – mais independente – do que o das coordenadas espaciais. É por isso que estamos habituados a lidar com o tempo como um contínuo independente. De fato, o tempo na física clássica é absoluto: não depende nem da posição *nem do estado de movimento do* referencial. Esse fato está patente na última equação da transformação de Galileu, $t' = t$.

Na teoria da relatividade torna-se essencial encarar o "mundo" como tendo quatro dimensões, pois a teoria priva o tempo de sua independência, como o mostra a quarta equação da transformação de Lorentz:

$$t' = \frac{t - \frac{v}{c^2}x}{\sqrt{1 - \frac{v^2}{c^2}}}$$

Pois, de acordo com essa equação, o intervalo de tempo $\Delta t'$ entre dois eventos em relação a K' não precisa ser nulo só por ser nulo o intervalo de tempo Δt entre os mesmos eventos no referencial K. Uma distância puramente espacial segundo K entre dois eventos acarreta uma distância também temporal segundo *K'* entre eles. Mas não é nisso que reside a importância histórica da descoberta de Minkowski para o desenvolvimento formal da teoria relativística, e sim no reconhecimento de que o contínuo quadridimensional da teoria da relatividade é profundamente similar, em suas propriedades formais cruciais, ao contínuo tridimensional do espaço geométrico euclidiano.[18] Para essa similaridade se manifestar de todo, é preciso usar, em vez da coordenada temporal normal t, seu múltiplo ict, em que $i = \sqrt{-1}$ é a unidade dos números imaginários. Isso feito, a coordenada temporal passa a figurar, na formulação matemática das leis naturais que satisfazem os postulados da teoria da relatividade (especial), num plano de completa igualdade com as três coordenadas espaciais. Mesmo quem não é matemático decerto perceberá que com esse reconhecimento puramente formal a teoria ganha muito em termos de clareza.

Essas parcas indicações dão ao leitor apenas uma vaga noção da ideia de Minkowski, sem a qual a teoria geral da relatividade, cujos rudimentos ocuparão as próximas páginas, talvez ainda estivesse no berço. Mas como os detalhes do trabalho de Minkowski são sem dúvida de difícil compreensão para o leitor sem maior familiaridade matemática, e como não são essenciais para o entendimento das ideias básicas da teoria da relatividade, quer especial quer geral, deixo o assunto de lado por enquanto, para só voltar a ele na conclusão do livro.

18. Uma exposição mais detalhada se encontra no apêndice.

SEGUNDA PARTE

A teoria da relatividade geral

18.

O PRINCÍPIO DA RELATIVIDADE ESPECIAL E O GERAL

A tese fundamental em torno da qual revolveu o material exposto até agora é o princípio da relatividade *especial*, isto é, o princípio da relatividade física de todos os movimentos *uniformes*. Analisemos mais uma vez seu conteúdo.

Que todo movimento, conceitualmente falando, deve ser tomado sempre como movimento *relativo* está claro desde o começo. Voltando ao nosso exemplo já bem conhecido do vagão de trem e dos trilhos, o fato de existir movimento pode ser expresso de duas maneiras igualmente corretas:

a. O trem se move em relação aos trilhos.

b. Os trilhos se movem em relação ao trem.

Na caso da afirmação *a)*, o trilho serve de referencial, enquanto no caso de *b)* o referencial é o trem. Para a simples afirmação ou descrição do movimento, em princípio tanto faz usar um referencial como outro. Isso é óbvio, como já foi dito, e não deve ser confundido com a declaração muito mais abrangente que chamamos de princípio da relatividade e que tomamos como base das nossas investigações.

O princípio que usamos não diz apenas que para a descrição de qualquer evento podemos escolher tanto o trem quanto o trilho como referencial (pois isso também é óbvio). Ele afirma muito mais, a saber: se uma lei geral da natureza, oriunda da experiência, for expressa quer

a. usando o trilho como referencial, quer

b. usando o trem como referencial,

esta lei geral (por exemplo, as leis da mecânica ou a lei da propagação da luz no vácuo) será exatamente a mesma nos dois casos. Em outras palavras: para a descrição *física* dos processos naturais, nenhum dos dois referenciais *K* e *K'* é privilegiado em relação ao outro. Esta última afirmação não é obrigatoriamente verdadeira a priori, como a primeira: ela não está contida nos conceitos de "movimento" e de "referencial" e não se deduz deles. Apenas a *experiência* pode decidir se trata-se de uma afirmação verdadeira.

Ora, até agora de forma alguma afirmamos a equivalência de *todos* os referenciais *K* quanto à formulação das leis naturais. O que fizemos foi, antes, o seguinte: primeiro, partimos do pressuposto de que existe um referencial *K* cujo estado de movimento é tal que o postulado galileano vale nesse referencial – uma massa pontual abandonada à própria sorte e suficientemente distante de qualquer outra movimenta-se em linha reta e com velocidade constante. Em relação a *K*, referencial galileano, as leis naturais têm a expressão mais simples possível. Mas além de

K certos referenciais *K'* também são privilegiados nesse sentido e são exatamente equivalentes a *K* para a formulação das leis naturais: a saber, os referenciais cujo movimento em relação a *K* é *retilíneo, uniforme e sem rotação*. Todos esses referenciais podem ser considerados como galileanos. A validade do princípio da relatividade só foi pressuposta para tais referenciais, e não para outros, cujo estado de movimento é outro. É nesse sentido que falamos do princípio (ou da teoria) da relatividade *especial*.

Por outro lado, entendemos por "princípio da relatividade geral" a seguinte afirmação: todos os referenciais *K*, *K'* etc. equivalem-se para fins de descrição da natureza (formulação das leis gerais da natureza), seja qual for seu estado de movimento. É preciso entretanto notar que essa formulação tem quer ser substituída por uma mais abstrata, por razões que apenas mais tarde virão à luz.

Uma vez que a introdução do princípio da relatividade especial se mostrou justificada, é natural que todo espírito desejoso de generalização sinta-se tentado a se aventurar um passo além e aceitar o princípio da relatividade geral. Mas, a princípio, um raciocínio simples e aparentemente satisfatório deixa esse passo sem muita perspectiva de sucesso. Pois imagine o leitor que se encontra no já tão conhecido vagão de trem. Enquanto o trem está em movimento uniforme, quem está dentro não sente qualquer efeito de movimento, e por isso pode, sem escrúpulos, interpretar a situação como sendo a de um trem em repouso enquanto os trilhos estão em movimento. Mais ainda: segundo o princípio da relatividade especial, esta interpretação é fisicamente de todo justificada.

Porém, se o movimento do vagão passa a ser, por alguma razão, não uniforme – for exemplo, se se freia o trem de repente –, o passageiro vivencia um efeito igualmente abrupto, sendo jogado para a frente. A aceleração sofrida pelo trem se manifesta no comportamento mecânico do corpo com relação a ele; o comportamento mecânico é diferente do que se verifica no caso anterior, e portanto parece fora de cogitação que as mesmas leis da mecânica que valem com relação a um trem parado ou em movimento uniforme também valham com relação a um cujo movimento é não uniforme. De qualquer forma, está claro que com respeito ao trem em movimento não uniforme não se aplica o postulado galileano. Assim, sentimo-nos forçados a outorgar uma certa realidade física absoluta ao movimento não uniforme, em contradição com o princípio da relatividade geral. Mas logo a seguir veremos que essa conclusão não é válida.

19.

O CAMPO GRAVITACIONAL

Por que uma pedra que alguém levanta e larga cai de volta ao chão? A essa pergunta a resposta comum é que a Terra atrai a pedra. Mas a física moderna formula a resposta de forma um pouco diferente. O estudo meticuloso dos fenômenos eletromagnéticos nos persuadiu da não existência de ação à distância, sem mediação. Por exemplo, se um ímã atrai um pedaço de ferro, não devemos nos dar por satisfeitos com a ideia de que o ímã exerce um efeito direto sobre o ferro, por meio do espaço vazio entre eles; em vez disso, postulamos, a exemplo de Faraday, que o ímã cria em sua vizinhança espacial algo que tem realidade física, chamado de campo magnético. Esse campo magnético, por sua vez, age sobre o pedaço de ferro, de forma que este tenta se mover na direção do ímã. Não nos ateremos aqui à justificativa deste conceito auxiliar, que é em si arbitrário. Notamos apenas que ele possibilita uma representação teórica dos fenômenos eletromagnéticos, e em particular da propagação das ondas eletromagnéticas, muito mais satisfatória do que seria possível sem recurso à noção de campos.

Os efeitos da gravitação são interpretados de maneira análoga. A ação da Terra sobre a pedra se dá de forma indireta. A Terra gera em sua vizinhança um campo gravitacional, e este age sobre a pedra e causa sua queda. Observa-se que a intensidade do efeito sobre um corpo decresce à proporção que aumenta a distância à Terra, de acordo com uma lei bem determinada. Na nossa linguagem, isso quer dizer o seguinte: a lei que rege as propriedades espaciais do campo gravitacional deve ser bem definida e representar corretamente o decréscimo da ação gravitacional com o aumento da distância ao corpo agente. Suponhamos por exemplo que este corpo (digamos, a Terra) dá origem diretamente ao campo em sua vizinhança imediata; a força e a direção do campo a distâncias maiores são então determinadas pela lei que rege as propriedades espaciais do próprio campo gravitacional.

O campo gravitacional, em contraste com os campos elétrico e magnético, tem uma propriedade altamente peculiar que será de importância fundamental mais adiante. Corpos que se movem apenas sob o efeito do campo gravitacional sofrem uma aceleração *que não depende em nada nem do material nem das circunstâncias físicas do corpo*. Um pedaço de chumbo e um de madeira, por exemplo, caem de maneira idêntica num campo gravitacional (na ausência de ar), e isso quer se lhes imprima uma velocidade inicial (idêntica para os dois) ou não. Essa é uma lei verificada com extrema precisão e pode ser expressa de forma diferente graças à consideração descrita a seguir.

De acordo com a lei de movimento de Newton, temos

$$(\textit{força}) = (\textit{massa inercial}) \cdot (\textit{aceleração})$$

onde a "massa inercial" é uma constante característica do corpo acelerado. Por outro lado, se a força acelerante é o peso, temos

$$(\textit{força}) = (\textit{massa gravitacional}) \cdot (\textit{intensidade do campo gravitacional})$$

onde a "massa gravitacional" é igualmente uma constante característica do corpo. As duas equações juntas acarretam:

$$(\textit{aceleração}) = \frac{(\textit{massa gravitacional})}{\textit{massa inercial}} \cdot (\textit{intensidade do campo gravitacional})$$

Suponhamos agora que, como mostra a experiência, num determinado campo gravitacional a aceleração seja sempre a mesma, independente da natureza e da situação do corpo. Neste caso o quociente entre a massa gravitacional e a inercial é o mesmo para qualquer corpo. Por meio de uma escolha adequada das unidades, portanto, pode-se supor que esse quociente é 1, isto é: a *massa gravitacional* e a *massa inercial* de um corpo são iguais.

Até agora a mecânica tinha *tomado nota* desse fato importante, mas não o havia *interpretado*. Só se pode alcançar uma interpretação satisfatória na medida em que se admite que é *a mesma* qualidade corpórea que se manifesta como inércia e como peso, de acordo com as circunstâncias. Até que ponto isso é verdade, e de que forma essa questão se relaciona com o postulado da relatividade, é o assunto do próximo capítulo.

20.

A IGUALDADE ENTRE MASSA INERCIAL E GRAVITACIONAL É UM ARGUMENTO EM FAVOR DO POSTULADO DA RELATIVIDADE GERAL

Imaginemos uma ampla porção de espaço vazio, tão longe de qualquer astro ou de outra massa considerável que podemos supor com suficiente exatidão que a lei fundamental de Galileu se aplica lá. Então é possível escolher para essa porção do espaço um referencial galileano relativo ao qual um ponto em repouso permanece em repouso e outro em movimento permanece em movimento retilíneo uniforme. Como corpo de referência, imaginemos uma espaçosa caixa em forma de paralelepípedo contendo um observador equipado com aparelhos. O observador naturalmente não tem peso e, por isso, precisa ser amarrado ao fundo da caixa (que chamaremos de chão[19]); do contrário, a menor colisão contra o chão o propelirá em lento movimento em direção ao teto.

No meio do teto, do lado de fora, há um gancho com uma corda amarrada. Suponhamos que um ser –

19. No original, "Boden" significa tanto o fundo de uma caixa quanto o chão. (N.T.)

cuja natureza não importa – começa a puxar a corda com força constante.[20] Então a caixa, com o observador dentro, passa a se mover "para cima" em movimento uniformemente acelerado. À proporção que o tempo passa, sua velocidade atingirá valores fantásticos – isso do ponto de vista de um outro corpo de referência que não está sendo puxado com corda.

Mas e do ponto de vista do observador dentro da caixa? A aceleração da caixa se comunica a ele por meio do fundo desta. Portanto, ele deve sentir essa pressão nas pernas, senão acabaria estendido no chão. Em pé na caixa, ele se sente exatamente como uma pessoa em pé num quarto de uma casa na nossa Terra. Se ele largar um objeto que antes estava preso na sua mão, a aceleração da caixa não se comunicará ao objeto, o qual passará a se aproximar do chão da caixa, em movimento uniformemente acelerado relativo a esta. Além disso, o observador constatará que *a aceleração do corpo em direção ao chão é sempre a mesma, seja qual for o corpo largado nesse experimento.*

Assim, o observador na caixa, baseado em sua familiaridade com o campo gravitacional, conforme tratado no capítulo anterior, conclui que ele e a caixa estão imersos em um campo gravitacional bem constante. É verdade que ele pode se perguntar por que a caixa não está caindo nesse campo gravitacional. Mas nesse momento ele descobre o gancho no teto amarrado com uma corda esticada, e chega à

---

20. O autor supõe implicitamente que a força seja perpendicular ao teto da caixa. (N.T.)

conclusão de que a caixa está em repouso, pendurada em um campo gravitacional.

Será que devemos sorrir da ingenuidade desse homem e dizer que sua conclusão é errônea? Creio que não, se quisermos ser coerentes; ao contrário, devemos admitir que sua interpretação não é ilógica nem colide com as leis da mecânica conhecidas. Podemos perfeitamente considerar que a caixa está em repouso, apesar de sua aceleração com relação ao "espaço galileano" considerado anteriormente. Assim, temos boas razões para estender o princípio da relatividade a referenciais acelerados uns em relação aos outros. Adquirimos assim um poderoso argumento em favor da generalização do postulado da relatividade.

É importante notar que a possibilidade dessa interpretação repousa sobre a propriedade fundamental da gravitação que diz que todos os corpos sofrem a mesma aceleração sob o efeito de um campo gravitacional, ou, o que é equivalente, sobre a igualdade entre massa inercial e gravitacional. Se não valesse essa lei natural, o observador na caixa acelerada não poderia explicar o comportamento dos corpos ao seu redor em termos de um campo gravitacional, e não haveria nenhuma justificativa com base *experimental* para supor que seu referencial estivesse "em repouso".

Agora suponhamos que o homem amarre uma ponta de uma corda ao teto da caixa, do lado de dentro, e a outra a um objeto qualquer. O efeito disso é que a corda ficará esticada, pendurada em posição "vertical".

Consideremos a razão pela qual a corda se estica. O homem dentro da caixa dirá: "O objeto pendurado sofre uma força para baixo devido ao campo gravitacional, que é equilibrada pela tensão da corda; o que determina o valor dessa tensão é a *massa gravitacional* do objeto pendente". Por outro lado, um observador flutuando livremente no espaço avaliaria a situação assim: "A corda é forçada a participar do movimento acelerado da caixa e a comunicá-lo ao objeto amarrado na outra ponta. A tensão da corda é exatamente suficiente para causar a aceleração necessária para que o corpo acompanhe a caixa. O que determina o valor da tensão da corda é a *massa inercial* do corpo". Com esse exemplo vemos que nossa generalização do princípio da relatividade torna *necessária* a igualdade entre massa inercial e massa gravitacional. Isso fornece uma interpretação física dessa lei de igualdade.

Nossa análise da caixa acelerada deixa claro que qualquer teoria da relatividade geral sem dúvida oferecerá resultados importantes sobre a lei da gravitação. De fato, seguindo sistematicamente o raciocínio relativístico geral chega-se às leis satisfeitas pelo campo gravitacional. Aqui, porém, é preciso advertir o leitor de um mal-entendido que as considerações acima podem ter trazido à mente. O ocupante da caixa observa um campo gravitacional, apesar de não haver tal campo do ponto de vista do sistema de coordenadas escolhido originariamente. Isso pode dar a impressão de que a existência de um campo gravitacional é sempre *aparente* e que, sempre que se observa a existência de um campo gravitacional em um referencial, pode-se escolher outro referencial de cujo ponto de vista *não* haja campo gravitacional. Mas isso está longe de ser verdade para campos gravitacionais arbitrários: por exemplo, não há nenhum referencial de cujo ponto de vista o campo gravitacional da Terra, tomado como um todo, se anule. Apenas campos gravitacionais de uma forma muito especial satisfazem essa condição.

Vemos agora por que o argumento empregado contra o princípio da relatividade geral no final do capítulo 18 não é decisivo. É certamente verdade que o passageiro do vagão é impelido para a frente em consequência da ação dos freios, e portanto sente a não uniformidade do movimento do trem. Mas ele não é de forma alguma obrigado a atribuir esse impulso a uma aceleração "real" do trem. Ele pode interpretar sua experiência da seguinte forma: "Meu referencial (o trem) permanece em repouso. Porém há, em relação a esse mesmo referencial, um campo gravitacional variável com o tempo, cujo valor é não nulo durante o período de freagem. É sob a influência dele que o movimento de recuo dos trilhos e do solo se atenua cada vez mais. Também é esse campo gravitacional que propele o observador para a frente".

21.

ATÉ QUE PONTO SÃO INSATISFATÓRIOS OS FUNDAMENTOS DA MECÂNICA CLÁSSICA E DA TEORIA DA RELATIVIDADE ESPECIAL?

Como já mencionamos várias vezes, a mecânica clássica parte do pressuposto de que um ponto material suficientemente afastado de todos os outros permanece em movimento retilíneo uniforme ou em repouso. Também já ressaltamos repetidamente que essa lei fundamental só vale para referenciais *K* de um certo tipo especial quanto ao estado de movimento, e todos os referenciais desse tipo estão em translação uniforme uns em relação aos outros. Quanto a outros referenciais *K'*, a lei não vale. Tanto na mecânica clássica quanto na relatividade especial, portanto, há uma distinção entre referenciais *K* em relação aos quais valem as leis da natureza e referenciais *K'* em relação aos quais elas não valem.

Mas esse estado de coisas certamente não satisfará o amante da coerência, que questionará: "Como é possível que certos referenciais (ou seus estados de movimento) sejam mais privilegiados que outros? *Qual é a razão dessa preferência?*". Para explicar com clareza o que quero dizer com essas perguntas, vou me valer de uma comparação.

Digamos que estou em frente a um fogão, sobre o qual há duas panelas lado a lado, parecidas a ponto de se confundirem. As duas estão cheias d'água até a metade. Verifico que uma delas está emitindo vapor sem parar, e a outra não. Isso me deixa intrigado, mesmo que eu nunca tenha visto um fogão ou uma panela. Agora, se eu perceber algo azulado e luminoso sob a primeira panela, mas não sob a outra, meu espanto desaparece, ainda que eu nunca tenha notado um bico de gás antes. Pois agora eu posso dizer que esse algo azulado está, ou pelo menos *pode estar*, causando a emissão do vapor. Mas se eu não constatar o algo azulado sob nenhuma das duas panelas e vir que uma emite vapor sem parar e a outra não, continuarei entranhando e não ficarei satisfeito até que tenha encontrado algo a que possa atribuir a diferença de comportamento entre as duas panelas.

Analogamente, eu procuro em vão na mecânica clássica e na relatividade especial um "algo" real a que possa atribuir a diferença de comportamento dos corpos entre os referenciais *K* e *K'*. Essa objeção[21] já era conhecida de Newton, que tentou neutralizá-la, mas sem sucesso. Mas foi E. Mach que a reconheceu com a máxima clareza e que postulou, baseado nela, que a mecânica requeria novos alicerces. Só uma física que obedeça o princípio da relatividade geral pode evitar

21. A objeção pesa ainda mais quando o estado de movimento do corpo de referência é tal que sua manutenção não requer nenhuma agência externa, como é o caso de um referencial em movimento de rotação uniforme.

essa objeção, pois as equações de uma tal teoria da física valerão para todos os referenciais, independentemente de seu estado de movimento.

22.

ALGUMAS CONSEQUÊNCIAS DO PRINCÍPIO DA RELATIVIDADE GERAL

As considerações do capítulo 20 mostram que o princípio da relatividade geral nos põe em condições de deduzir propriedades do campo gravitacional com argumentos puramente teóricos. Pois suponhamos conhecido o desenvolvimento no espaço-tempo de um processo natural qualquer, considerado do ponto de vista de um referencial galileano *K* e no domínio galileano. Então se pode, simplesmente por meio de operações teóricas, isto é, de puro cálculo, descobrir como esse processo natural se desenvolve do ponto de vista de um outro referencial *K'* acelerado em relação a *K*. Mas, como em relação ao novo referencial *K'* existe um campo gravitacional, a análise também nos permite aprender como o campo gravitacional influencia o processo em questão.

Assim, ficamos sabendo, por exemplo, que um corpo em movimento retilíneo uniforme em relação a *K* (de acordo com o postulado galileano) está, em relação ao referencial acelerado *K'* (a caixa do capítulo 20), em movimento acelerado e geralmente curvilíneo. Essa aceleração e essa curvatura respondem à ação do campo gravitacional (existente do ponto de vista de *K'*) sobre o móvel. Como já sabemos como o campo gravitacional influencia o movimento dos corpos nessa situação, não adquirimos até agora nenhuma informação essencialmente nova.

Porém, um resultado de importância fundamental é obtido quando se faz o mesmo raciocínio para um raio de luz. Em termos do referencial galileano *K*, o raio se propaga em linha reta com velocidade *c*. Mas sob a ótica da caixa acelerada (referencial *K'*) a trajetória desse mesmo raio de luz não é mais retilínea, como se demonstra facilmente. A conclusão é que *os raios de luz em um campo gravitacional se propagam, em geral, em trajetórias curvas*. Esse resultado é de grande importância sob dois pontos de vista.

Em primeiro lugar, ele pode ser cotejado com a realidade. Se é verdade que uma análise detalhada mostra que a curvatura dos raios de luz predita pela teoria da relatividade geral nos campos gravitacionais a que temos acesso na prática é extremamente pequena, também é verdade que ela chega ao valor de 1,7 segundo de arco no caso de raios que passam pelo Sol de raspão. Essa curvatura deve se manifestar da seguinte forma: as estrelas fixas visíveis na vizinhança do Sol por ocasião de um eclipse solar total se mostrariam deslocadas em relação à posição que normalmente lhes atribuímos no céu quando o Sol está em outra parte do céu, aparentando um afastamento do Sol dessa magnitude. A verificação da existência ou não desse desvio é uma tarefa de importância capital, que esperamos seja levada a cabo muito em breve pela astronomia.[22]

Em segundo lugar, esse resultado implica que a lei já mencionada da constância da velocidade da luz no vácuo, que é uma das duas hipóteses fundamentais da teoria da relatividade especial, não pode gozar de validade irrestrita na teoria da relatividade geral. A curvatura dos raios de luz só pode ocorrer se a velocidade de propagação da luz variar de lugar para lugar. Ora, isso pode levar a pensar que tal conclusão invalidaria a teoria da relatividade especial, e com ela a teoria da relatividade, ponto. Mas isso não é verdade. Pode-se concluir apenas que a teoria da relatividade especial não tem validade irrestrita; seus resultados só são válidos na medida em que se pode desconsiderar os efeitos da gravitação sobre os fenômenos em jogo (no caso, a luz).

Como os antagonistas da teoria da relatividade muitas vezes afirmam que a relatividade especial é refutada pela relatividade geral, tentarei esclarecer a verdadeira situação com o auxílio de uma comparação. Antes do advento da eletrodinâmica, as leis da eletrostática eram tidas como a totalidade das leis da eletricidade. Hoje sabemos que a eletrostática só consegue tratar corretamente dos campos elétricos no caso, estritamente falando nunca realizado, em que as

---

22. Efetivamente, a existência da deflexão da luz prevista pela teoria foi documentada fotograficamente durante o eclipse solar de 30 de maio de 1919, por duas expedições patrocinadas pela Royal Society, sob a liderança dos astrônomos Eddington e Crommelin.

massas elétricas estão em completo repouso umas em relação às outras e ao sistema de coordenadas. Segue-se daí que a eletrostática perde o valor, refutada pelas equações maxwellianas da eletrodinâmica? De forma alguma! A eletrostática está contida na eletrodinâmica como caso-limite; as leis desta conduzem diretamente às daquela, quando os campos não variam com o tempo. Este é o destino mais belo de uma teoria física: o de abrir caminho para outra teoria mais abrangente, sobrevivendo assim como caso particular desta.

No exemplo tratado acima sobre a propagação da luz, vimos que o princípio da relatividade geral nos permite deduzir de forma puramente teórica o efeito do campo gravitacional sobre o curso dos processos físicos quando já se conhecem as leis que os regem na ausência do campo gravitacional. Mas a questão mais encantadora para cuja solução o princípio da relatividade geral oferece uma chave é a determinação das leis satisfeitas pelo campo gravitacional em si. A situação aqui é a seguinte:

Sabemos que existem regiões do espaço-tempo que se comportam de forma (aproximadamente) "galileana" mediante a escolha adequada de um referencial, isto é, regiões isentas de campos gravitacionais. Se considerarmos uma tal região pela ótica de um referencial *K'* em estado de movimento arbitrário, haverá um campo gravitacional em jogo, variável no tempo e no espaço.[23] A natureza deste depende, é claro, da

23. Isso é consequência da generalização do raciocínio do capítulo 20.

escolha do movimento de *K'*. Na teoria da relatividade geral, as leis gerais que regem o campo gravitacional devem ser satisfeitas por todos os campos obtidos desta forma. Ora, apesar de nem todos os campos gravitacionais se originarem desta forma, é natural alimentar a esperança de, por meio das leis válidas para esses campos gravitacionais, chegar à lei da gravitação geral. Tal esperança se concretizou de forma brilhante! Mas entre a visão clara deste objetivo e sua realização foi necessário sobrepujar uma dificuldade séria, que não ouso escamotear ao leitor, pois ela faz parte do âmago da questão. Faz-se necessário mais uma vez aprofundar nosso conceito do contínuo espaço-tempo.

23.

O COMPORTAMENTO DOS RELÓGIOS E DAS RÉGUAS NUM REFERENCIAL EM ROTAÇÃO

Até agora abstive-me, de propósito, de qualquer interpretação física dos dados espaciais e temporais na teoria da relatividade geral. Mas isso representa um desleixo que não é nem irrelevante nem perdoável, como já sabemos desde o caso da teoria da relatividade especial. Chegou a hora de preencher essas lacunas, mas aviso de antemão que o assunto exigirá do leitor uma paciência e um poder de abstração nada modestos.

Como antes, partiremos de casos muito especiais, a que já recorremos várias vezes. Seja uma região do espaço-tempo em que não haja campo gravitacional, do ponto de vista de um referencial *K* bem escolhido quanto ao estado de movimento. Para os efeitos da região em questão, portanto, *K* é um referencial galileano, e os resultados da teoria da relatividade especial valem para ele. Agora consideremos a mesma região do ponto de vista de um corpo de referência *K'* que gira com velocidade uniforme em relação a *K*. Para fixar ideias, imaginemos *K'* na forma de um disco plano, que gira uniformemente no seu próprio plano em torno do seu centro. Um observador situado num ponto excêntrico do disco *K'* sente uma força radial, em sentido oposto ao centro, e que seria interpretada por um observador em repouso no referencial original *K* como a ação da inércia (força centrífuga). O observador sentado no disco tem direito de considerar seu referencial como "em repouso", de acordo com o princípio da relatividade geral; para ele, a força que age sobre ele e sobre qualquer corpo em repouso no referencial-disco é a ação de um campo gravitacional. É verdade que a dependência espacial desse campo gravitacional é tal que jamais ele poderia ocorrer na teoria newtoniana da gravitação.[24] Mas como o observador acredita na relatividade geral, isso não o preocupa; ele espera, com razão, que seja possível conceber uma lei geral da gravitação que descreva não só o movimento dos astros mas também o campo de forças observado por ele.

Esse observador faz experimentos em seu disco com relógios e réguas, com o intuito de estabelecer, baseado em suas observações, definições exatas para o significado das coordenadas temporais e espaciais em relação ao disco *K'*. Qual será sua experiência?

Primeiro, suponhamos que o observador coloque dois relógios idênticos, um no centro do disco e o outro na sua periferia, estando ambos em repouso com relação ao disco. Investiguemos primeiro se os dois relógios têm andamento igual no referencial galileano *K*, que não roda. Do ponto de vista deste, o relógio situado no centro tem velocidade zero, mas o que está

24. O campo se anula no centro do disco e sua magnitude cresce à proporção que nos afastamos dele.

na periferia se move, em virtude da rotação do disco em relação a *K*. Como concluímos no capítulo 12, isso faz com que o relógio da periferia ande sempre mais devagar que o do centro, segundo o observador em *K*.[25] Obviamente o mesmo deve valer segundo o observador em *K'*,[26] que imaginaremos estar sentado (por exemplo) ao lado do relógio do centro do disco. Assim, em nosso disco, e em geral em qualquer campo gravitacional, os relógios andam mais depressa ou mais devagar dependendo do local a que estão associados (em repouso). Segue-se que não é possível uma definição satisfatória do tempo usando relógios em repouso com relação ao referencial. Surge uma

---

25. A dedução do capítulo 12 supôs que *K* e *K'* estão em movimento retilíneo uniforme um ao outro. Para justificar rigorosamente a contração do tempo no caso presente, podemos imaginar o movimento retilíneo de velocidade v como limite de movimentos circulares de velocidade v, com o centro do círculo cada vez mais distante do móvel. Se não houvesse contração de tempo no movimento circular, tampouco haveria no caso-limite do movimento linear. (N.T.)

26. O autor não justifica essa afirmação, que pode parecer estranha, pois sabemos que os relógios "andam" mais devagar ou mais depressa dependendo do referencial. Eis um argumento mais detalhado que contorna essa objeção.
Seja *P* o ponto onde se encontra, num determinado momento, o relógio "móvel" (solidário à periferia do disco giratório). Suponhamos *P* solidário ao referencial *K*. Um relógio situado em *P* marca a mesma hora que o relógio central, pois ambos são fixos em relação ao referencial galileano *K*. Comparando duas passagens consecutivas por *P*, o observador solidário a *K'*, com o relógio "móvel" no pulso, vê que o relógio "fixo" em *P* avançou um tanto, mas seu próprio relógio avançou menos. A diferença crucial entre este caso e o do trem é que aqui as trajetórias no espaço-tempo dos observadores solidários aos diferentes referenciais cruzam-se mais de uma vez. (N.T.)

dificuldade semelhante quando se busca aplicar a este caso nossa definição anterior de simultaneidade, mas não vou entrar detalhes sobre isso.

A própria definição de coordenadas espaciais encontra aqui dificuldades pela primeira vez intransponíveis. Pois suponhamos que o observador que se move com o disco aplica sua régua unitária (de comprimento muito menor do que o raio do disco) tangencialmente à periferia do disco. Essa régua, do ponto de vista do sistema galileano *K*, tem comprimento menor que 1, porque conforme vimos no capítulo 12 os objetos sofrem contração na direção de seu movimento. Porém, se a régua for colocada na direção radial, nenhuma contração é observada do ponto de vista de *K*. Portanto, se o observador mede primeiro a circunferência e depois o diâmetro do disco com sua régua, e divide as medidas uma pela outra, o quociente obtido não é o conhecido número $\pi = 3,14...$, mas um maior[27], enquanto que no caso de um disco em repouso com relação a *K* o resultado dessa operação é obviamente igual a π. Com isso, já está provado que os teoremas da geometria euclidiana não podem valer com exatidão no disco giratório, e portanto nem em campos gravitacionais gerais, pelo menos se atribuirmos à régua-padrão o comprimento 1 em todos os lugares e todas as direções. A própria noção de linha reta perde o sentido por causa disso.

27. Em todo esse raciocínio, temos que usar como referencial o sistema galileano *K* (sem rotação), pois é só em relação a ele que podemos pressupor válidos os resultados da teoria da relatividade especial; em relação a *K'*, vigora um campo gravitacional.

Assim, não estamos mais em condições de definir exatamente as coordenadas *x*, *y*, *z* relativas ao disco de acordo com o método usado na teoria da relatividade especial. Mas enquanto as coordenadas temporais e espaciais dos eventos não estão definidas, as leis da natureza em que essas coordenadas aparecem também não têm sentido exato.

Isso parece pôr em dúvida todas as considerações que fizemos até agora sobre a relatividade geral. Mas na realidade o que precisamos é tomar outro caminho, mais longo e mais sutil, para poder aplicar exatamente o postulado da relatividade geral. Para preparar o leitor, comecemos com as reflexões seguintes.

24.

CONTÍNUOS EUCLIDIANOS E NÃO EUCLIDIANOS

Na minha frente está uma mesa com uma superfície de mármore. Partindo de um ponto qualquer dessa superfície, posso chegar a qualquer outro por meio de uma série de (muitos) passos entre pontos "adjacentes", cada um bem próximo do anterior. Em outras palavras, posso ir de um ponto a outro sem ter que "pular". (O leitor – se não for exigente demais – sem dúvida terá entendido com suficiente precisão o que quero dizer com "adjacente" e "pular".) Expressamos esse fato dizendo que a superfície é contínua, ou um contínuo.

Imaginemos que para fazer medições na superfície da mesa dispomos de um grande número de palitos,[28] todos do mesmo comprimento. Com isso quero dizer que, dados dois palitos quaisquer, as extremidades de ambos podem ser levadas a coincidir simultaneamente. Agora tomemos quatro palitos e disponhamo-los sobre a mesa em forma de quadrilátero, ajustando as direções para que as diagonais do quadrilátero tenham o mesmo comprimento – isto é, para que seja um quadrado. Para alcançar a igualdade entre as diagonais, empregamos uma régua-teste. De cada lado desse qua-

28. Literalmente, "pequenos bastões"; aqui, a pequenez será essencial. (N.T.)

drado construamos outro igual, tendo um lado em comum com o primeiro. Repitamos o processo com os novos quadrados, e assim por diante. Enfim teremos coberto a mesa toda com quadrados, de forma que cada lado (interior) é compartilhado por dois quadrados, e cada vértice (interior) por quatro quadrados.

É uma verdadeira maravilha que seja possível executar esse processo sem cair em dificuldades tremendas! Basta pensar no seguinte: se já há três quadrados compartilhando um vértice, dois lados do quarto já estão no lugar. Isso determina univocamente a colocação dos outros dois lados desse novo quadrilátero, não havendo a possibilidade de ajustar a direção dos lados para fazer as diagonais terem o mesmo comprimento. Se elas de fato tiverem o mesmo comprimento, é pela boa vontade da mesa e dos palitos, pela qual me sinto agradecido e um pouco surpreso! Será preciso esbarrar em muitas coincidências tais, se quisermos levar a cabo a construção.

Se tudo realmente funcionou, eu digo que os pontos da superfície da mesa formam um *contínuo euclidiano* com relação aos palitos usados como medida de distância. Se eu escolher um dos quadrados como "ponto de partida", cada um dos outros quadrados pode ser caracterizado com relação àquele por meio de dois números. Basta dizer quantos palitos eu tenho que percorrer "para a direita" e depois quantos "para cima" a fim de chegar no quadrado-alvo, partindo do escolhido como ponto de partida. Estes dois números são então as "coordenadas cartesianas" do quadrado-alvo, no "sistema de coordenadas cartesianas" determinado pelos palitos.

Que há de existir casos em que a construção não funciona fica óbvio por meio da seguinte variante do nosso experimento mental. Digamos que os palitos se alonguem conforme a temperatura. Vamos esquentar a mesa na região central, mas não perto da borda; continua sendo verdade que dois palitos quaisquer podem ser unidos, contanto que estejam na mesma região da mesa. Mas nossa construção de quadrados certamente se desmantelará, pois os palitos da região central se expandem, enquanto os da periferia não.

Quanto aos nossos palitos, que por definição correspondem a distâncias unitárias, a superfície da mesa não é mais um contínuo euclidiano, e não estamos mais capacitados a definir coordenadas cartesianas sobre a mesa com os palitos, porque a construção acima não pode mais ser levada a cabo. Decerto há outras propriedades que não são afetadas pela temperatura da mesma forma que os palitos, ou não sofrem efeito nenhum, e é graças a isso que podemos, intuitivamente, manter a percepção de que a mesa é um "contínuo euclidiano" – percepção, aliás, justificada de maneira mais satisfatória por meio de uma estipulação mais sofisticada do procedimento de medida das distâncias e da comparação entre elas.

Porém, se todos os palitos imagináveis, de qualquer material, se comportassem *da mesma forma* com relação à temperatura em nossa mesa aquecida diferencialmente, e se não tivéssemos nenhuma outra maneira de observar os efeitos da temperatura senão o comportamento geométrico dos palitos em experimentos similares ao já descrito, poderia ser bem conveniente atribuir a dois pontos da mesa a distância 1 quando um dos nossos palitos unitários puder ser colocado sobre a mesa com cada extremidade sobre um dos pontos; pois que outra definição poderíamos usar sem incorrer na mais crassa arbitrariedade? Mas aí precisamos deixar de lado o método de coordenadas cartesianas e substituí-lo por outro procedimento que não pressuponha que os corpos rígidos obedeçam a geometria euclidiana.[29] Observe o leitor que a situação descrita aqui corresponde àquela gerada pelo postulado da relatividade geral (capítulo 23).

---

29. Nosso problema foi enfrentado pelos matemáticos da seguinte forma. Seja dada no espaço euclidiano tridimensional de costume uma superfície – por exemplo, a de um elipsoide. Nesta superfície há uma geometria bidimensional, tão válida como a do plano. Gauss propôs-se a tratar desta geometria bidimensional intrinsecamente, sem referência à sua origem como superfície pertencente a um contínuo tridimensional euclidiano. É possível imaginar construções com palitos rígidos semelhantes àquela descrita acima, mas realizadas na superfície em questão; tais construções levam a leis diferentes das da geometria euclidiana do plano. Com relação aos palitos, a superfície não é um contínuo euclidiano, e não é possível definir coordenadas cartesianas nela. Gauss definiu princípios a partir dos quais, segundo ele demonstrou, podem se tratadas as relações geométricas na superfície, e com isso apontou o caminho para o tratamento de Riemann sobre contínuos não euclidianos em várias dimensões. Assim é que os matemáticos resolveram há muito tempo os problemas formais a que conduz o postulado da relatividade geral.

25.

COORDENADAS GAUSSIANAS

Esse procedimento analítico-geométrico para lidar com o problema é obra de Gauss, e chegamos a ele assim: marquemos na superfície da mesa um sistema de curvas arbitrárias (figura 3), que chamaremos de

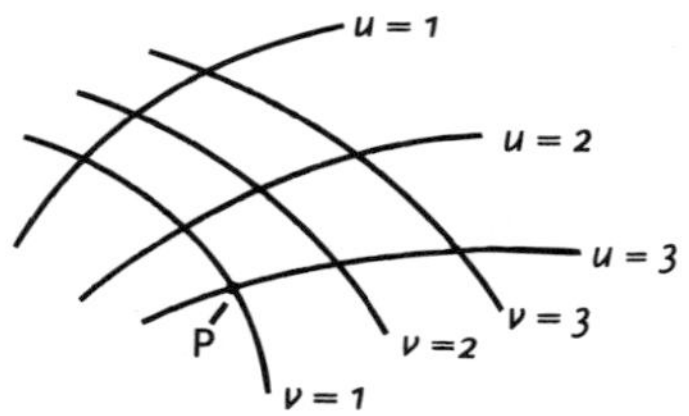

Figura 3

curvas de nível de u, e a cada uma das quais damos um número. A figura mostra as curvas u = 1, u = 2 e u = 3, mas entre as curvas u = 1 e u = 2 devemos imaginar infinitas curvas, uma para cada número real entre 1 e 2. Assim, o sistema de curvas de nível de u cobre a superfície com densidade infinita. Por cada ponto da superfície deve passar uma, e apenas uma, curva de nível de u; curvas diferentes não podem se cruzar. Feito isso, cada ponto da superfície da mesa adquire um valor bem determinado de u. Da mesma forma, marquemos sobre a superfície um sistema de curvas de nível de v, também providas de números e satisfazendo as mesmas condições, mas tirando isso arbitrárias. Agora cada ponto da superfície tem um valor de u e um de v, e a esse par de valores chamamos de *coordenadas gaussianas* (ou *coordenadas curvilíneas*) do ponto. O ponto P da figura, por exemplo, tem coordenadas gaussianas $u = 3$; $v = 1$. Dois pontos adjacentes, P e P', na superfície, têm coordenadas

$$P: u, v$$

$$P': u + du,\ v + dv$$

onde du e dv denotam números muito pequenos. Igualmente, seja ds a distância – muito pequena – medida com um palito entre P e P'.[30] Então vale, de acordo com Gauss, a equação

$$ds^2 = g_{11}\, du^2 + 2g_{12}\, du\, dv + g_{22}\, dv^2$$

onde g_{11}, g_{12}, g_{22} são valores que dependem de u e de v de forma bem definida. As grandezas g_{11}, g_{12} e g_{22} determinam o comportamento dos palitos com relação às curvas de nível de u e de v, e portanto também com relação à superfície da mesa. Quando os pontos da superfície em questão formam um contínuo euclidiano

30. O autor não explica como usar um palito, ou mesmo uma régua graduada, para medir distâncias extremamente pequenas sem recorrer a linhas retas ou outras noções da geometria euclidiana. O importante é que, quando nos concentramos em regiões cada vez menores desta superfície, as distâncias adquirem comportamento euclidiano (com grau de aproximação arbitrariamente alto – o autor volta a essa questão nas páginas 105, 130 e 131), da mesma forma que qualquer pedaço suficientemente pequeno de uma curva lisa nos parece reto. Assim, podemos medir a distância entre pontos suficientemente próximos usando noções tradicionais; o erro será insignificante para os efeitos do tratamento a seguir. A justificativa exata desta observação informal conduz à área da matemática chamada de geometria riemanniana. (N.T.)

com relação aos palitos, e apenas neste caso, é possível dispor as curvas de nível e sua numeração de forma que a equação seja simplesmente

$$ds^2 = du^2 + dv^2.$$

Neste caso, as curvas de nível de u e de v são linhas retas no sentido da geometria euclidiana, formando dois sistemas perpendiculares um ao outro, e as coordenadas gaussianas se reduzem a coordenadas cartesianas. Vemos que as coordenadas gaussianas não passam de uma maneira de associar aos diferentes pontos da superfície pares de números de tal forma que pontos espacialmente vizinhos recebam pares de números que diferem pouquíssimo um do outro.

Tratamos acima de um contínuo de duas dimensões. Mas o método de Gauss pode ser aplicado a um contínuo de três, quatro ou mais dimensões. Por exemplo, para um contínuo de quatro dimensões, temos o quadro seguinte: a cada ponto do contínuo associaremos de forma arbitrária quatro números x_1, x_2, x_3, x_4, e a esse quarteto chamamos de "coordenadas" do ponto. A pontos adjacentes devem corresponder coordenadas semelhantes. Suponhamos agora que a pares de pontos adjacentes P e P' possa-se associar uma distância ds mensurável e fisicamente bem definida. Então vale a fórmula

$$ds^2 = g_{11}\, dx_1^{\,2} + 2\, g_{12}\, dx_1\, dx_2 \ldots + g_{44}\, dx_4^{\,2},$$

onde os valores de g_{11}, g_{12} etc. variam de acordo com a posição no contínuo. Apenas no caso de um contínuo euclidiano é que as coordenadas x_1, x_2, x_3, x_4, dos pontos dos contínuos podem ser escolhidas de forma a obter a expressão simples

$$ds^2 = dx_1^{\,2} + dx_2^{\,2} + dx_3^{\,2} + dx_4^{\,2}$$

Neste caso valem, no contínuo quadridimensional, relações análogas àquelas que valem para nossas medidas tridimensionais.

Aliás, a representação gaussiana de ds^2 dada acima não é sempre possível, mas apenas quando qualquer região suficientemente pequena do contínuo pode ser considerada como euclidiana. É óbvio que isso se dá no caso da mesa cuja temperatura é variável no espaço, pois, se considerarmos apenas uma pequena porção da laje, a temperatura é praticamente constante, e portanto o comportamento geométrico dos palitos é *quase* o predito pelas regras da geometria euclidiana. A construção de quadrados do capítulo anterior só começa a trair discrepâncias patentes quando a estendemos sobre uma porção considerável da superfície da mesa.

Podemos resumir assim: Gauss inventou um método de lidar matematicamente com qualquer contínuo em que estejam definidas relações de medida (isto é, uma noção de "distância" entre pontos adjacentes). A cada ponto do contínuo associamos tantos números quantas sejam as dimensões do contínuo; essa lista de números constitui as *coordenadas gaussianas* do ponto. A associação é tal que para cada ponto a lista de números é diferente, e pontos adjacentes têm listas (coordenadas gaussianas) que diferem infinitesimalmente entre si. O sistema de coordenadas gaussianas é uma generalização lógica do sistema de coordenadas cartesianas. Ao contrário deste, ele se aplica também a contínuos não euclidianos – mas apenas quando a noção de distância definida no contínuo é tal que pequenas porções do contínuo se comportam de maneira euclidiana com precisão cada vez maior à proporção que nos concentramos sobre uma região cada vez menor.

26.

O ESPAÇO-TEMPO DA TEORIA DA RELATIVIDADE ESPECIAL É UM CONTÍNUO EUCLIDIANO

Estamos agora em condições de formular mais exatamente o pensamento de Minkowski, de que tratamos por alto no capítulo 17. Na teoria da relatividade especial, existem certos sistemas de coordenadas especialmente adequados à descrição do contínuo quadridimensional que é o espaço-tempo. A esses chamamos de sistemas de coordenadas galileanas. Em tais sistemas, as quatro coordenadas x, y, z, t que determinam um evento – ou, em outras palavras, um ponto do contínuo quadridimensional – são definidas fisicamente de maneira simples, como foi explicado na primeira parte do livro. Para a passagem de um sistema galileano a outro, em movimento retilíneo uniforme em relação ao primeiro, valem as equações da transformação de Lorentz, com base na qual deduzimos consequências da teoria da relatividade especial, e que por sua vez nada mais são que uma expressão da validade universal da lei de propagação da luz em todos os referenciais galileanos.

Minkowski descobriu que as transformações de Lorentz[31] satisfazem as seguintes condições simples.

31. No plural, porque o autor tem em mente a transformação de Lorentz entre dois referenciais galileanos quaisquer. (N.T.)

Consideremos dois eventos adjacentes, cujas posições no contínuo quadridimensional, com respeito a um referencial galileano *K*, diferem uma da outra pelos valores *dx*, *dy*, *dz* para as coordenadas espaciais e *dt* para a coordenada temporal. Com respeito a um segundo referencial galileano *K'*, sejam as diferenças de coordenadas entre os mesmos dois eventos dadas por *dx'*, *dy'*, *dz'*, *dt'*. Então verifica-se sempre a condição[32]

$$dx^2 + dy^2 + dz^2 - c^2\,dt^2 = dx'^2 + dy'^2 + dz'^2 - c^2\,dt'^2$$

Essa condição implica a validade da transformação de Lorentz. Podemos expressar isso da seguinte forma: a grandeza

$$ds^2 = dx^2 + dy^2 + dz^2 - c^2\,dt^2$$

associada a dois pontos adjacentes do contínuo quadridimensional (espaço-tempo) tem o mesmo valor em todos os referenciais privilegiados (isto é, galileanos). Se substituirmos em lugar de $x, y, z, \sqrt{-1}\,ct$ as variáveis x_1, x_2, x_3, x_4, obtemos também o resultado seguinte: o valor de

$$ds^2 = dx_1^{\,2} + dx_2^{\,2} + dx_3^{\,2} + dx_4^{\,2}$$

é independente da escolha do referencial. A grandeza *ds* é chamada de "distância" entre os dois eventos ou pontos no espaço-tempo.

---

32. Ver fim da seção 1 do apêndice, em que as fórmulas relevantes, (11a) e (12), são provadas para as coordenadas em si. Elas se aplicam igualmente a *diferenças* entre coordenadas, e portanto também a diferenciais (diferenças infinitesimais) de coordenadas.

Assim, se escolhermos a variável imaginária $\sqrt{-1}\,ct$ em vez da real *t* como variável temporal, podemos interpretar o espaço-tempo de acordo com a teoria da relatividade espacial como um contínuo "euclidiano" de dimensão quatro. Isso se segue das considerações do capítulo anterior.

27.

O ESPAÇO-TEMPO DA TEORIA DA RELATIVIDADE GERAL NÃO É UM CONTÍNUO EUCLIDIANO

Na primeira parte deste livro pudemos nos servir de coordenadas espaço-tempo que admitem uma interpretação física simples e direta e que, como vimos no capítulo 26, podem ser encaradas como coordenadas cartesianas. Isso foi possível por causa da lei da constância da velocidade da luz. Mas não podemos nos ater a essa lei na teoria da relatividade geral, como vimos no capítulo 21; ao contrário, chegamos à conclusão de que, segundo esta teoria, a velocidade da luz tem que depender das coordenadas se há um campo gravitacional presente. No capítulo 23 descobrimos ainda que a presença de um campo gravitacional impossibilita a definição de coordenadas espaciais e temporais que tinha sido bem-sucedida na relatividade especial.

Tendo em vista esses resultados, chegamos à convicção de que, de acordo com o princípio da relatividade geral, o espaço-tempo não pode ser considerado um contínuo euclidiano, mas sim um mais geral, do tipo que estudamos no caso bidimensional por meio do exemplo do tampo de mesa cuja temperatura varia de lugar para lugar. Assim como naquele exemplo se mostrou impossível construir um sistema de coordenadas cartesianas a partir de palitos idênticos, aqui também é impossível construir um sistema de corpos rígidos e relógios (ou corpo de referência) tal que réguas e relógios fixos uns em relação aos outros possam indicar diretamente a localização espacial e temporal dos eventos. Essa é a essência da dificuldade com que nos deparamos no capítulo 23.

Mas a análise dos capítulos 25 e 26 nos mostra como superar essa dificuldade. Dotamos o contínuo quadridimensional do espaço-tempo de um sistema de coordenadas gaussianas qualquer. A cada ponto do contínuo (cada evento) associamos quatro números x_1, x_2, x_3, x_4, (coordenadas), que carecem de significado físico imediato, mas servem para descrever de maneira definida, embora arbitrária, os pontos do contínuo. Essa associação sequer precisa ser tal que x_1, x_2, x_3 devam ser consideradas coordenadas "espaciais" e x_4 "temporal".

Talvez o leitor ache que tal descrição do mundo é altamente insatisfatória. Que significado tem atribuir a um evento coordenadas definidas x_1, x_2, x_3, x_4 se essas coordenadas em si não significam nada? Mas um exame mais acurado demonstra que essa preocupação não procede. Por exemplo, tomemos um ponto material qualquer em movimento. Se esse ponto tivesse apenas uma existência efêmera, sem duração nenhuma, ele seria descrito no espaço-tempo por um certo quarteto de valores x_1, x_2, x_3, x_4. Sua existência duradoura, portanto, é caracterizada por um número infinito de tais quartetos, cujos valores se encadeiam continuamente: em outras palavras, a uma massa pontual corresponde uma linha (unidimensional) no contínuo quadridimensional. A uma série de pontos em movimento correspondem outras tantas linhas desse tipo. As únicas afirmações sobre esses pontos que podem aspirar a ter realidade física são, na realidade, as que versam sobre *encontros* desses pontos. Um tal encontro se manifesta em nossa representação matemática da seguinte forma: as duas linhas correspondentes aos dois pontos móveis têm em comum um certo quarteto x_1, x_2, x_3, x_4 de coordenadas. Que tais encontros são realmente as únicas constatações concretas de caráter espaço-temporal ocorrentes nas afirmações da física é algo que o leitor sem dúvida aceitará se refletir cuidadosamente.

Anteriormente, quando descrevemos o movimento de um ponto material com relação a um corpo de referência, o que fizemos foi indicar os encontros desse ponto com determinados pontos do corpo de referência. Mesmo a indicação de dados temporais em última análise consiste na constatação de encontros dos ponteiros com diferentes pontos do mostrador. E, pensando bem, o mesmo vale para as medições espaciais com réguas.

De modo geral podemos afirmar: toda descrição física consiste em uma série de enunciados, cada um dos quais versa sobre a coincidência no espaço-tempo de dois eventos *A* e *B*. Cada enunciado desses se exprime em coordenadas gaussianas por meio da coincidência de um quarteto de coordenadas x_1, x_2, x_3, x_4 com outro. Assim, a descrição do espaço-tempo por meio de coordenadas gaussianas pode muito bem substituir a descrição com auxílio de um corpo de referência, sem padecer das deficiências deste último método, pois ela não depende da natureza euclidiana do contínuo a ser descrito.

28.

FORMULAÇÃO PRECISA DO PRINCÍPIO DA RELATIVIDADE GERAL

Estamos agora em condições de substituir a formulação temporária do princípio da relatividade geral dada no capítulo 18 por uma formulação exata. Lá escrevemos: todos os referenciais *K*, *K'* etc. se equivalem para fins de descrição da natureza (formulação das leis gerais da natureza), seja qual for seu estado de movimento. Essa versão não serve mais, pois o uso de referenciais (corpos rígidos) para a descrição do espaço-tempo, como feito na teoria especial da relatividade, não é possível aqui. Em lugar do referencial deve entrar o sistema de coordenadas gaussianas. A ideia básica do princípio da relatividade geral então está encapsulada nesta máxima: *"Todos os sistemas de coordenadas gaussianas são em princípio equivalentes para a formulação das leis gerais da natureza"*.

Também se pode expressar esse princípio da relatividade geral de outra forma, que o caracteriza de maneira ainda mais clara como a generalização natural do princípio da relatividade especial. De acordo com a teoria da relatividade especial, as equações que expressam as leis gerais da natureza se transformam em outras de aspecto idêntico quando introduzimos, em vez das variáveis *x, y, z, t* do espaço-tempo relativas a um referencial (galileano) *K*, novas variáveis *x', y', z', t'* correspondentes a outro referencial *K'*, sendo estas relacionadas com aquelas por meio da transformação de Lorentz. De acordo com a teoria da relatividade geral, por outro lado, as equações devem se transformar em outras de aspecto idêntico quando introduzimos, em vez das variáveis gaussianas x_1, x_2, x_3, x_4 *um outro sistema qualquer de variáveis gaussianas*; isso porque qualquer transformação, e não apenas a de Lorentz, corresponde à passagem de um sistema de coordenadas gaussianas a outro.

Se não quisermos perder de vista nossa intuição tridimensional habitual, podemos sintetizar assim a evolução acima detalhada da ideia-base da teoria da relatividade geral: a teoria da relatividade especial se aplica às regiões galileanas do espaço, isto é, àquelas em que não há campo gravitacional. Além disso ela requer que o referencial usado seja galileano, isto é, um corpo rígido cujo estado de movimento é tal que vale a lei galileana da inércia em relação a esse corpo: o movimento dos pontos materiais "isolados" é retilíneo uniforme.

Por várias razões, é natural estudar essas regiões galileanas usando também referenciais não galileanos. Do ponto de vista destes, a região então comporta um campo gravitacional de um certo tipo especial (capítulos 20 e 23).

Porém, na presença de campos gravitacionais não há corpos rígidos com propriedades euclidianas; por isso, a ficção dos corpos de referência rígidos naufraga na teoria da relatividade geral. O andamento dos relógios também é afetado pelos campos gravitacionais, de forma que a definição direta de tempo na física, com base em relógios, não tem absolutamente o mesmo grau de evidência que tem na relatividade especial.

Por essa razão, é necessário usar referenciais não rígidos, que não apenas se achem em estado de movimento arbitrário mas que também, no decorrer do movimento, possam sofrer mudanças arbitrárias de forma. Para definir o tempo usam-se relógios de andamento arbitrário – não importa o quão irregular – solidários a cada ponto do referencial não rígido. Tais relógios só precisam satisfazer uma condição: as horas mostradas simultaneamente em relógios muito próximos (no espaço) devem ser também infinitamente próximas em valor. Esses referenciais não rígidos, que podemos chamar com justiça de "referenciais-moluscos", são essencialmente equivalentes aos sistemas de coordenadas gaussianas em quatro dimensões. O que dá ao "molusco" uma certa inteligibilidade intuitiva, comparado com um sistema de coordenadas gaussianas, é que aquele oferece uma distinção formal – e estritamente falando injustificável – entre as coordenadas espaciais e a temporal. Cada ponto do molusco é tomado como um ponto do espaço, e cada ponto material fixo em relação a este ponto está por definição em repouso enquanto o molusco é usado como referencial. O princípio geral da relatividade requer que todos esses moluscos possam ser empregados como referenciais a título igual, e que sejam igualmente capazes de expressar as leis da natureza quando assim empregados; as leis têm que ser inteiramente independentes da escolha de molusco.

É a tremenda limitação assim imposta às leis da natureza que dá ao princípio geral da relatividade seu inerente poder de perspicácia.

29.

A SOLUÇÃO DO PROBLEMA GRAVITACIONAL EM VIRTUDE DO PRINCÍPIO DA RELATIVIDADE GERAL

O leitor que tem seguido o argumento até agora não terá dificuldade em compreender os métodos que levam à solução do problema gravitacional.

Tomemos no espaço uma região galileana, isto é, isenta de campo gravitacional do ponto de vista de um referencial galileano *K*. Já conhecemos, graças à teoria da relatividade especial, o comportamento das réguas e dos relógios em relação a *K*, bem como o comportamento das massas pontuais "isoladas", cujo movimento sabemos ser retilíneo uniforme.

Agora relacionemos essa região a um sistema arbitrário de coordenadas gaussianas, ou ainda a um "referencial-molusco" *K'*. Com relação a *K'*, existe então um campo gravitacional *G* (de um tipo especial). Com meros cálculos deduz-se então o comportamento em relação a *K'* das réguas, dos relógios e dos pontos materiais em movimento livre. Esse comportamento então se interpreta como o comportamento de réguas, relógios e pontos materiais sob a ação do campo gravitacional *G*. Aqui se introduz a hipótese de que a ação da gravitação sobre réguas, relógios e pontos materiais em livre movimento obedece às mesmas leis assim obtidas, mesmo que o campo gravitacional vigente *não* seja oriundo do caso especial galileano por meio de transformações de coordenadas.

Depois investiga-se o comportamento no espaço-tempo do campo gravitacional *G* oriundo do caso especial galileano por meio de transformações de coordenadas, e formula-se esse comportamento na forma de uma lei que vale sempre, seja qual for a escolha do corpo de referência (molusco) usado na descrição.

Esta lei ainda não é a lei *geral* do campo gravitacional, pois o campo *G* estudado é um caso especial. Para descobrir a lei geral da gravitação é preciso ainda generalizar aquela lei. Isso, porém, pode ser feito sem introduzir arbitrariedades, contanto que se observem as seguintes condições:

a. A generalização buscada também deve obedecer o postulado da relatividade geral.
b. Se existir matéria na região em questão, a ação do campo sobre ela deve envolver apenas sua massa inercial, ou equivalentemente (ver capítulo 15) sua energia.
c. Juntos, o campo gravitacional e a matéria devem obedecer a lei da conservação da energia (e do momento).

Finalmente, o princípio da relatividade geral nos permite obter o efeito do campo gravitacional sobre o desenrolar dos processos cujas leis são conhecidas na ausência de campo gravitacional, isto é, aqueles já inseridos no quadro da teoria da relatividade especial. Para isso, procedemos em princípio de acordo com o método já explicado no caso de réguas, relógios e massas pontuais em livre movimento.

A teoria da gravitação deduzida do postulado da relatividade geral dessa maneira não só brilha por sua elegância, não só elimina os defeitos, expostos no capítulo 21, que eivam a mecânica clássica, não só justifica a igualdade experimentalmente comprovada entre massa inercial e massa gravitação: ela também explica dois fatos de natureza completamente diferente, ambos frutos da astronomia observacional, que embatucam a mecânica clássica. O segundo fato, já mencionado, é a curvatura dos raios solares pelo campo gravitacional do Sol; o primeiro tem a ver com a órbita do planeta Mercúrio.

Mais especificamente, tomando-se o caso especial das equações da relatividade geral em que o campo gravitacional pode ser considerado fraco e que as massas se movem com velocidade muito menor do que a da luz em relação ao sistema de coordenadas, obtém-se a teoria newtoniana como primeira aproximação; esta, portanto, surge como consequência da teoria, sem necessidade de hipóteses especiais, enquanto que Newton teve que introduzir como hipótese explícita a proporcionalidade inversa da força de atração de duas massas com o quadrado da distância. Quando se aumenta a precisão dos cálculos, surgem discrepâncias entre a teoria de Newton e as previsões da relatividade geral, mas costumam ser pequenas demais para serem suscetíveis de observação experimental.

Falemos de um caso em que a discrepância é observável. De acordo com a teoria newtoniana, os planetas se movem em redor do Sol em órbitas elípticas, cuja posição em relação às estrelas fixas é imutável, contanto que se possa desconsiderar a influência dos outros planetas sobre o planeta em questão, bem como o movimento próprio das estrelas fixas. Assim, à parte essas duas influências, a órbita de um planeta deveria ser sempre uma elipse fixa com relação às estrelas fixas, se a teoria de Newton fosse exatamente correta. Ora, para todos os planetas, exceto Mercúrio, o mais próximo do Sol, tal predição se verifica com a mais completa exatidão oferecida pelos meios de observação atuais. Mas quanto à órbita de Mercúrio sabe-se desde os tempos de Leverrier que, mesmo após as correções necessárias para se levar em conta os efeitos acima mencionados, a elipse não se mantém fixa, mas gira no seu próprio plano, ainda que muito devagar, no mesmo sentido do movimento orbital.[33] O valor observado desse fenômeno é de 43 segundos de arco por século, com erro não maior que alguns segundos. A mecânica clássica só consegue explicar a precessão por meio de hipóteses casuísticas, introduzidas apenas para esse fim e carentes de verossimilitude.

Ora, a teoria da relatividade geral prediz que toda órbita planetária está sujeita a um movimento da forma

33. Esse fenômeno, chamado de *precessão anômala do periélio*, já agora tem sido observado para outros corpos celestes, inclusive Vênus, a Terra e o asteroide Ícaro. Em todos esses casos, as observações estão de acordo com a previsão einsteiniana descrita no próximo parágrafo. (N.T.)

descrita; que com a exceção de Mercúrio a taxa de rotação da órbita (precessão) é pequena demais para ser confirmada dado o nível de exatidão dos meios de observação disponíveis; mas que para Mercúrio o valor predito é de 43 segundos de arco por século, exatamente como observado.

Além desses dois testes, a teoria até agora só gerou uma previsão passível de ser verificada por observação, a saber, o desvio espectral da luz que recebemos de estrelas maciças, em comparação com luz obtida da mesma forma (isto é, emitida pelas mesmas moléculas) sobre a Terra. Não tenho dúvidas de que essa consequência também será verificada em breve.[34]

34. Ver nota do tradutor na página 156. (N.T.)

TERCEIRA PARTE

Reflexões sobre o universo como um todo

30.

DIFICULDADES COSMOLÓGICAS DA TEORIA NEWTONIANA

Além da dificuldade já exposta, a mecânica celeste clássica está maculada por uma segunda dificuldade fundamental, que até onde sei foi discutida pela primeira vez em detalhes pelo astrônomo Seeliger. Quando se contempla a questão de como imaginar o universo em sua totalidade, a resposta mais natural é com certeza esta: o universo é espacialmente (e temporalmente) infinito. Há estrelas em toda parte, de modo que a densidade da matéria varia muito quando considerada em pormenor, mas em média ela é uniforme. Em outras palavras: por mais longe que se viaje pelo espaço sideral, encontra-se em toda parte um enxame rarefeito de estrelas fixas, mais ou menos do mesmo tipo e da mesma densidade.

Essa noção não se coaduna com a teoria newtoniana. Efetivamente, esta teoria exige que o universo tenha uma espécie de centro onde a densidade de estrelas seja máxima, e que a densidade estelar decresça deste centro para fora, diminuindo cada vez mais até se dissipar num vazio sem fim. O universo astral formaria assim uma ilha finita no oceano infinito do espaço.[35]

35. Eis a razão: de acordo com a teoria newtoniana, uma massa *m* é o término de um conjunto de "linhas de força" provindas do infinito e cuja quantidade é proporcional (continua)

Tal ideia já é em si pouco satisfatória. E torna-se ainda mais insatisfatória quando se atina com a consequência seguinte: tanto a luz emitida pelas estrelas como certos indivíduos da população estelar estão sempre escapando em direção ao infinito, para nunca mais voltar nem interagir com outros objetos naturais. Um universo que consiste de um aglomerado finito de matéria estaria portanto em constante estado de empobrecimento, gradual mas ininterrupto.

Para evitar essas consequências, Seeliger modificou a lei newtoniana, postulando que a atração entre duas massas muito distantes uma da outra decai mais depressa que o predito pela lei do inverso do quadrado da distância. Com isso, ele pretendia garantir que a densidade média do universo pudesse ser constante por toda parte, até o infinito, sem criar campos gravitacionais infinitos – escapando à conclusão antipática de que o universo material teria que ter uma espécie de centro. É verdade que para livrar-se desse constrangimento teórico o preço é alto: uma nova lei, mais complicada que a de Newton e sem qualquer prova experimental ou justificativa teórica. A inúmeras leis concebíveis poderia caber o mesmo papel, sem haver razão para

---

(cont.) à massa *m*. Se a densidade do universo é, em média, constante – digamos ρ_0 –, uma superfície esférica *F* de volume *V* abrange uma massa $\rho_0 V$, em média. Portanto, a quantidade de linhas de força que atravessam essa superfície para o interior da esfera é proporcional a $\rho_0 V/F$ por unidade de área, ou ainda a $\rho_0 R$, sendo *R* o raio da esfera. Assim, a intensidade do campo na superfície da esfera tenderia ao infinito quando *R* cresce, o que é impossível.

preferir uma à outra: pois nenhuma dessas leis, inclusive a newtoniana, está fundamentada em princípios teóricos gerais.

31.

A POSSIBILIDADE DE UM UNIVERSO FINITO MAS SEM FRONTEIRAS

A especulação sobre a constituição do universo nos arrasta também numa direção inteiramente diferente. O desenvolvimento da geometria não euclidiana nos conscientizou (via Riemann e Helmholtz) de que se pode duvidar da *infinitude* do nosso universo sem entrar em colisão com a lógica nem com a experiência. Esse assunto já foi esclarecido de forma ímpar, com profundidade e em detalhe, por Helmholtz e Poincaré, portanto nosso tratamento aqui será breve.

Imaginemos primeiro um universo bidimensional: um plano, sobre o qual se movem livremente criaturas chatas que utilizam objetos chatos, inclusive palitos rígidos sem espessura. Para esses seres, nada existe fora desse plano: nenhuma causalidade externa os afeta. O que nossas criaturas veem acontecer consigo e com seus objetos bidimensionais é para elas a única realidade. Entre outras coisas, elas podem usar seus palitos para fazer as construções da geometria euclidiana plana, tais como a quadriculação da mesa de que tratamos no capítulo 24. O universo desses seres, ao contrário do nosso, tem apenas duas dimensões espaciais, mas, como o nosso, ele se estende indefinidamente. Nele cabem infinitos quadradinhos de palitos, isto é, seu volume (área) é infinito. Quando um ser bidimensional afirma que seu universo é "plano", o que ele quer dizer é que as construções da geometria euclidiana plana podem ser levadas a cabo com seus palitos, sendo que cada palito idêntico representa a mesma distância, seja qual for sua localização.

Agora imaginemos um outro universo bidimensional, mas não no plano e sim na superfície de uma esfera. Nele habitam criaturas chatas com seus palitos e outros objetos, e exatamente como no caso anterior elas não podem deixar a superfície; sua percepção do universo se restringe exclusivamente à superfície da esfera. Podem essas criaturas considerar a geometria de seu universo como a geometria euclidiana bidimensional e seus palitos como a realização de "segmentos de reta"? Não podem. Porque a tentativa de construir uma linha reta conduzirá àquilo que nós, seres tridimensionais, chamamos de círculo máximo: uma curva linha que se fecha sobre si mesma a partir de um certo ponto e tem, portanto, um comprimento finito, medível com palitos. Igualmente, a área desse universo é finita, e pode ser comparada com a de um quadradinho de palitos. É esta a ideia encantadora que estala como resultado dessas elucubrações: *o universo dessas criaturas é finito mas sem fronteiras.*

E os habitantes da esfera não precisam de uma circum-navegação para descobrir que seu universo não é euclidiano. Em cada pedaço de seu mundo, contanto que não seja pequeno demais, eles podem chegar a essa conclusão. Basta que irradiem a partir de um ponto "segmentos de reta" (que seriam, tridimensionalmente falando, arcos de círculo máximo) em todas as direções e de igual comprimento. A curva que une as pontas livres desses segmentos é o que o observador nesse mundo denominará de círculo. O quociente entre a circunferência desse círculo, medido com palitos, e o diâmetro do círculo medido com os mesmos palitos é, na geometria euclidiana, uma constante π, independente do diâmetro. Nossas criaturas, ao contrário, obteriam para esse quociente o valor

$$\pi \frac{\sin\left(\frac{r}{R}\right)}{\frac{r}{R}}$$

isto é, um valor menor que π, e tão menor quanto maior for o raio *r* do círculo com relação ao raio *R* do universo-esfera. A partir daí os habitantes da esfera podem determinar o raio do seu universo, mesmo que eles só tenham acesso a uma parte relativamente pequena do seu universo-esfera para medir. Mas se essa parte for pequena demais, eles não poderão mais constatar que se encontram numa esfera e não num plano euclidiano, porque um pequeno pedaço de superfície esférica é muito parecido com um pedaço do plano do mesmo tamanho.

Assim, quando as criaturas da esfera habitam um planeta cujo sistema solar ocupa uma parte insignificante do universo-esfera, eles não têm possibilidade de distinguir se estão num universo finito ou infinito, porque em ambos os casos a parte do cosmos accessível à experiência deles é praticamente plana, isto é, euclidiana. Intuitivamente percebemos que, para nossos habitantes da esfera, a circunferência do círculo primeiro aumenta com o raio até atingir um máximo – a "circunferência do universo", após o que ela diminui gradualmente outra vez até se anular. Mas a área do círculo continua crescendo, até que afinal se torna igual à área total do universo-esfera.

O leitor talvez esteja se perguntando por que escolhemos uma esfera, e não outra superfície fechada qualquer, para nela colocar nossas criaturas bidimensionais. Isso tem sua explicação: a esfera se distingue entre todas as superfícies fechadas como a única onde todos os pontos se equivalem. O quociente entre a circunferência u de um círculo e seu raio r, portanto, apesar de depender de r, é o mesmo para qualquer ponto de partida, dado um valor de r. Em outras palavras, o universo-esfera é uma superfície de curvatura constante.

Analogamente ao universo esférico em duas dimensões, existe em três dimensões o *espaço esférico tridimensional*, descoberto por Riemann. Todos os seus pontos são equivalentes, como os da esfera. Seu volume é finito, e dado em função do "raio" R do espaço pela fórmula $2\pi^2R^3$. É possível imaginar um espaço esférico? Imaginar um espaço é simplesmente imaginar-se a si mesmo como um ser que vivencia experiências "espaciais", isto é, experiências oriundas do movimento de corpos "rígidos". Nesse sentido é possível imaginar um espaço esférico.

A partir de um só ponto, emitamos raios retilíneos – ou estiquemos cordas – em todas as direções e marquemos sobre cada uma delas a mesma distância r usando nosso palito de medida. Unindo as pontas livres de todos esses segmentos, obtemos uma superfície esférica. A área F dessa superfície pode ser medida por encomenda, usando um quadrado-padrão feito de palitos. Se o universo for euclidiano, temos $F = 4\pi r^2$; se for esférico, F será sempre menor que $4\pi r^2$. O valor de F cresce com r de 0 até um máximo que depende do "raio do universo", e a partir daí quando r cresce F diminui outra vez gradualmente até se anular. As retas que se irradiam do ponto de partida primeiro se afastam umas das outras, mas depois voltam a se aproximar, até que todas se encontram outra vez no "polo antípoda", tendo atravessado todo o espaço esférico. É fácil verificar que o espaço esférico tridimensional é em tudo análogo ao bidimensional, que é a superfície da esfera. Ele é finito (isto é, tem volume finito) mas não tem fronteiras.

Vale observar que existe ainda uma variante do espaço esférico, chamada de espaço elíptico. Ele pode ser obtido do espaço esférico por meio da identificação de pontos opostos (isto é, um par de pontos antípodas no espaço esférico corresponde a um único ponto no espaço elíptico). Um universo elíptico, portanto, pode ser considerado de certa forma como um universo esférico, mas com simetria central.

Pelo dito acima, é concebível um espaço ser fechado e sem limites. (Ressaltamos o exemplo do espaço esférico – e do elíptico – por ser o mais simples; seus pontos são todos equivalentes.) Surge daí uma pergunta interessantíssima para os físicos e os astrônomos: o universo em que vivemos é infinito ou é finito à maneira do universo esférico? Nossa experiência nem de longe basta para responder a essa pergunta. Mas a teoria da relatividade permite responder a ela com razoável certeza; e assim se resolve também a dificuldade exposta no capítulo 30.

32.

A ESTRUTURA DO ESPAÇO DE ACORDO COM A TEORIA GERAL DA RELATIVIDADE

Segundo a teoria geral da relatividade, as propriedades geométricas do espaço não são independentes, mas sim determinadas pela matéria. Por isso, só se pode concluir algo sobre a estrutura geométrica do universo quando se pressupõe o estado da matéria conhecido. Sabemos pela experiência que, num sistema de coordenadas adequado, a velocidade das estrelas é muito pequena em relação à velocidade de propagação da luz.[36] Assim, para maior conveniência, podemos supor em primeira aproximação que a matéria pode ser tratada como se estivesse em repouso.

Já sabemos, pelas considerações anteriores, que o comportamento de réguas e relógios é influenciado

36. Essa afirmação, ao contrário de praticamente todas as outras do livro, se tornou caduca à proporção que os astrônomos puderam observar estrelas cada vez mais distantes. Hoje já foram observados desvios espectrais maiores que 8, indicando fontes luminosas com velocidade de recessão (relativa à nossa galáxia) maior que 98% da velocidade da luz. Sabemos também que, em média, quanto mais distante uma fonte luminosa, mais rapidamente ela se afasta de nós. Isso é explicado pela hipótese da expansão do universo, que levou à teoria do big bang. (N.T.)

pelos campos gravitacionais, isto é, pela distribuição da matéria. Segue-se imediatamente que a possibilidade de a geometria euclidiana valer exatamente no nosso universo está fora de cogitação. Mas em princípio é possível que nosso universo não esteja muito distante de ser euclidiano, e isso ainda é mais plausível na medida em que, pelos cálculos, mesmo uma massa tão grande quanto a do nosso Sol tem influência minúscula na métrica do espaço ambiente. Seria possível imaginar que nosso universo é geometricamente como uma superfície com irregularidades e curvaturas aqui e ali, as quais entretanto em parte alguma fogem muito às propriedades do plano – algo como a superfície de um lago agitado por uma leve brisa. Um universo assim faria jus ao termo "quase euclidiano". Ele seria infinito em extensão. Mas os cálculos mostram que num universo quase-euclidiano a densidade média da matéria deve ser zero. Assim, um universo desses não poderia ter população material em toda parte; ele incorreria no mesmo quadro insatisfatório esboçado no capítulo 30.

Por outro lado, se o universo contiver uma densidade média de matéria não nula, por menor que seja, ele não pode ser quase-euclidiano. Ao contrário, os cálculos mostram que, supondo-se uma distribuição uniforme de matéria, o universo teria que ser esférico (ou elíptico). Como na realidade a matéria se distribui não uniformemente, a nível local, o verdadeiro universo não tem comportamento exatamente esférico, mas sim quase-esférico. A teoria fornece até uma relação simples[37] entre a extensão espacial do universo e sua densidade material média.

---

37. Se R é o "raio" do universo, obtém-se a equação

$$R^2 = \frac{2}{k\rho}$$

onde ρ é a densidade média da matéria e a constante k, em unidades cgs, é dada por $2/k = 1{,}08 \cdot 10^{27}$.

APÊNDICE

1. Dedução simples da transformação de Lorentz (Adendo ao capítulo 11)

Para a orientação relativa do sistema de coordenadas indicado na figura 2, os eixos dos x dos dois sistemas coincidem sempre. Neste caso podemos resolver o problema por etapas, considerando primeiro apenas eventos situados no eixo dos X. Seja um tal evento dado no sistema K pela abscissa x e pelo tempo t, e no sistema K' pela abscissa x' e pelo tempo t'.

Um sinal luminoso que avança ao longo do eixo dos X positivo se propaga de acordo com a equação

$$x = ct$$

ou

$$x - ct = 0. \tag{1}$$

Como o mesmo sinal se propaga em relação a K' com velocidade c, a propagação com relação a K' é descrita pela fórmula análoga,

$$x' - ct' = 0. \tag{2}$$

O mesmo ponto do espaço-tempo (evento) que satisfaz (1) tem que satisfazer (2) também. Obviamente isso se dá se for satisfeita a condição

$$x' - ct' = \lambda(x - ct) \tag{3}$$

onde λ é uma constante; pois, de acordo com (3), $x' - ct'$ se anula quando $x - ct$ se anula.

Um raciocínio análogo, aplicado a raios luminosos que se propagam ao longo do eixo dos X negativo, leva à condição

$$x' + ct' = \mu\,(x + ct). \tag{4}$$

Agora somamos e subtraímos as equações (3) e (4) uma da outra, e introduzimos, por conveniência, as constantes

$$a = \frac{\lambda + \mu}{2} \qquad b = \frac{\lambda - \mu}{2}$$

no lugar de λ e μ. O resultado é

$$\left.\begin{aligned} x' &= ax - bct, \\ ct' &= act - bx \end{aligned}\right\} \tag{5}$$

Com isso nosso problema estaria resolvido se conhecêssemos as constantes a e b; para encontrá-las, usamos o seguinte raciocínio.

A origem de K' satisfaz sempre $x' = 0$, e portanto, de acordo com a primeira equação (5),

$$x = \frac{bc}{a}\,t.$$

Denotemos por v a velocidade com que a origem de K' se move em relação a K: então

$$v = \frac{bc}{a} \cdot \tag{6}$$

O mesmo valor obtém-se de (5) calculando-se a velocidade de outro ponto de K' com relação a K, ou a velocidade (no sentido de X negativo) de um p[illegible] K com relação a K'. Em resumo, podemos chamar de v a velocidade relativa dos dois sistemas.

Outrossim o princípio da relatividade deixa claro que o comprimento, observado de K, de uma régua unitária em repouso em K' deve ser o mesmo que o de uma régua unitária em repouso em K, quando observado de K'. Para perceber como os pontos do eixo dos X' aparecem vistos de K, basta tirarmos uma foto instantânea de K' a partir de K: quer dizer, especializar as equações para um determinado valor de t (tempo em K), digamos $t = 0$. Neste caso, obtemos da equação (5)

$$x' = ax.$$

Dois pontos do eixo dos X' cuja distância um do outro segundo K' é $\Delta x' = 1$, aparecem na nossa foto com distância

$$\Delta x = \frac{1}{a} \cdot \tag{7}$$

Mas se a foto for tomada de *K'* no momento *t'* = 0, obtém-se de (5), depois de eliminar *t* usando (6),

$$x' = a\left(1 - \frac{v^2}{c^2}\right)x \cdot$$

Daí se conclui que dois pontos do eixo dos *X* com distância 1 (relativa a *K*) aparecem na segunda foto com distância

$$\Delta x' = a\left(1 - \frac{v^2}{c^2}\right) \cdot \qquad (7a)$$

Ora, como dito, as duas fotos devem dar o mesmo resultado; assim, Δx em (7) deve ser igual a $\Delta x'$ em (7a), de modo que obtemos

$$a^2 = \frac{1}{1 - \frac{v^2}{c^2}} \cdot \qquad (7b)$$

As equações (6) e (7b) determinam as constantes *a* e *b*. Substituindo esses valores em (5) obtemos a primeira e a quarta equações anunciadas no capítulo 11:

$$x' = \frac{x - vt}{\sqrt{1 - \frac{v^2}{c^2}}}$$

$$t' = \frac{t - \frac{v}{c^2}x}{\sqrt{1 - \frac{v^2}{c^2}}}.$$

(8)

Com isso determinamos a transformação de Lorentz para eventos no eixo dos X. Ela satisfaz a condição

$$x'^2 - c^2 t'^2 = x^2 - c^2 t^2.$$

(8a)

A extensão desse resultado a eventos ocorrentes fora do eixo dos X é alcançada acrescentando às equações (8), ainda válidas, as relações

$$y' = y$$

$$z' = z.$$

(9)

Verificaremos que com isso é satisfeito o postulado da constância da velocidade da luz no vácuo para raios que se propagam em qualquer direção, vistos tanto do sistema K quanto do sistema K'. Isso se faz do seguinte modo.

Seja um sinal luminoso emitido da origem de K no momento $t = 0$. Ele se espalha de acordo com a equação

$$r = \sqrt{x^2 + y^2 + z^2} = ct,$$

ou seja (elevando ambos os lados ao quadrado),

$$x^2 + y^2 + z^2 - c^2 t^2 = 0.$$

(10)

A lei de propagação da luz e o postulado relativístico juntos exigem que o espalhamento do mesmo sinal, observado de *K'*, satisfaça à fórmula correspondente

$$r' = ct'$$

ou

$$x'^2 + y'^2 + z'^2 - c^2 t'^2 = 0. \tag{10a}$$

Para que a equação (10a) seja consequência de (10), é necessário que

$$x'^2 + y'^2 + z'^2 - c^2 t'^2 = \sigma(x^2 + y^2 + z^2 - c^2 t^2). \tag{11}$$

Mas é necessário que σ seja igual a 1, porque para pontos no eixo dos *X* vale a equação (8a). Que a transformação de Lorentz satisfaz (11) com $\sigma = 1$ é fácil de checar, pois (11) é consequência de (8a) e (9), e portanto também de (8) e (9). Com isso está deduzida a transformação de Lorentz.

Mas é preciso ainda generalizá-la, pois obviamente a condição de que os eixos de *K'* sejam paralelos aos de *K* não é essencial. Também não é essencial que a translação de *K'* com relação a *K* se dê na direção do eixo dos *X*. Um raciocínio simples mostra que se pode construir a transformação de Lorentz nesse sentido geral por meio da composição de transformações de dois tipos: transformações de Lorentz especial, da forma deduzida acima, e transformações puramente espaciais, onde um sistema de coordenadas ortogonais é substituído por outro do mesmo tipo, com eixos em direção diferente.

Matematicamente, a transformação de Lorentz generalizada pode ser caracterizada assim:

Ela exprime x', y', z', t' por meio de funções lineares homogêneas de x, y, z, t, de tal maneira que a relação

$$x'^2 + y'^2 + z'^2 - c^2t'^2 = x^2 + y^2 + z^2 - c^2t^2. \tag{11a}$$

é satisfeita identicamente. Quer dizer: se substituirmos x', y', z', t' por suas expressões em termos de x, y, z, t, o lado esquerdo e o direito de (11a) coincidem.

2. O universo quadridimensional de Minkowski (Adendo ao capítulo 17)

A transformação de Lorentz generalizada pode ser caracterizada ainda mais facilmente se em vez de *t* usar-se como variável temporal seu múltiplo imaginário $\sqrt{-1}\,ct$. Seja portanto

$$x_1 = x$$

$$x_2 = y$$

$$x_3 = z$$

$$x_4 = \sqrt{-1}\,ct$$

e analogamente para o sistema "com linhas", *K'*. Com essas variáveis, a condição que deve ser satisfeita identicamente passa a ser

$$x'^2_1 + x'^2_2 + x'^2_3 + x'^2_4 = x_1^2 + x_2^2 + x_3^2 + x_4^2. \tag{12}$$

Efetivamente, essa é a reexpressão de (11a) com a nova escolha de "coordenadas".

Vemos em (12) que a coordenada temporal imaginária x_4 ocorre em par de igualdade com as coordenadas espaciais x_1, x_2, x_3 na condição a que deve satisfazer a transformação. É baseado nisso que podemos afirmar que, segundo a teoria relativística, o "tempo" x_4 entra na expressão das leis naturais da mesma maneira que as coordenadas espaciais x_1, x_2, x_3.

O contínuo de quatro dimensões dado pelas "coordenadas" x_1, x_2, x_3, x_4 foi denominado de *universo* por Minkowski, e seus eventos pontuais de *pontos do universo*. De um certo modo, a física deixa de ser o estudo do que *ocorre* no espaço tridimensional para ser o estudo do que *é* no "universo" quadridimensional.

Esse universo de quatro dimensões tem uma profunda similitude com o espaço tridimensional da geometria analítica (euclidiana). Pois, se neste último substitui-se um sistema de coordenadas cartesianas x'_1, x'_2, x'_3 por outro com a mesma origem, as novas coordenadas x'_1, x'_2, x'_3 são funções lineares homogêneas de x_1, x_2, x_3 que satisfazem identicamente as equações

$$x'^2_1 + x'^2_2 + x'^2_3 = x_1^2 + x_2^2 + x_3^2$$

em completa analogia com (12). Formalmente, pode-se encarar o universo de Minkowski como um espaço euclidiano de quatro dimensões (com coordenada temporal imaginária); a transformação de Lorentz corresponde a uma "rotação" do sistema de coordenadas no "universo" quadridimensional.

3. Sobre a verificação experimental da teoria da relatividade geral

Uma opinião epistemológica superficial sobre o processo de criação de uma ciência experimental o classifica como um contínuo processo de indução. As teorias surgem como sínteses de um grande número de experimentos individuais em leis experimentais, a partir das quais se obtêm leis gerais por um processo de comparação. O desenvolvimento da ciência, sob essa ótica, parece análogo à compilação de um catálogo, um trabalho puramente empírico.

Mas essa visão está longe de dar conta do processo todo. Ela descuida do importante papel que a intuição e o processo dedutivo desempenham no desenvolvimento das ciências exatas. Pois desde o momento em que uma ciência ultrapassa o estado mais primitivo, os avanços teóricos não se dão por meio de uma atividade puramente classificatória. Antes, o pesquisador desenvolve, inspirado por fatos empíricos, um sistema de ideias construído logicamente sobre um número geralmente pequeno de pressupostos básicos, denominados axiomas. A um tal sistema é que chamamos de teoria. A razão de ser da teoria é que ela combina um grande número de experiências individuais; nisso reside a sua verdade.

Ora, para o mesmo complexo de dados empíricos pode haver diferentes teorias que se distinguem em aspectos importantes. Ao mesmo tempo, no que tange às consequências que são passíveis de verificação empírica, as teorias podem ser a tal ponto concordes que é difícil achar consequências testáveis que permitam diferenciar uma teoria da outra. Um caso desses, de interesse geral, ocorre no campo da biologia, com a teoria de evolução darwiniana, da seleção baseada na luta pela vida, e aquela que se baseia na hipótese da herança de caracteres adquiridos.

Caso semelhante, de extensa concordância entre consequências, ocorre com a mecânica newtoniana, de um lado, e a teoria da relatividade geral, de outro. Esse acordo é tão extenso que até agora apenas foi possível encontrar algumas conclusões da relatividade geral que são ao mesmo tempo passíveis de teste e distintas das predições da física anterior – isso apesar da profunda diferença entre os pressupostos básicos das teorias. Vamos examinar mais uma vez essas importantes consequências, e tratar brevemente das lições aprendidas sobre elas até agora.

a) O movimento do periélio de Mercúrio.

De acordo com a mecânica e a lei da gravitação newtonianas, um único planeta circundando o Sol descreve uma órbita elíptica, cujo um dos focos coincide com o Sol (ou, mais exatamente, com o centro de massa do sistema Sol-planeta). Assim, a distância entre Sol e planeta no decorrer de um "ano" planetário aumenta de um mínimo até um máximo (afélio) e depois decresce outra vez até atingir o mínimo. Se em vez da lei de atração newtoniana se usar uma outra lei nos cálculos, chega-se à conclusão de que a distância entre o Sol e o planeta ainda oscila, mas o ângulo polar (a direção do raio Sol-planeta) tem variação diferente de 360° por período, entre um periélio (momento de aproximação máxima) e o seguinte. Assim, a trajetória da órbita não é fechada, mas no decorrer do tempo preencherá uma região anular do plano da órbita, entre os dois círculos cujos raios são a distância mínima e a máxima entre o planeta e o Sol.

A teoria da relatividade geral, que aqui difere um pouco da teoria de Newton, prediz uma pequena discrepância desse tipo em comparação com a órbita kepleriana e newtoniana: o ângulo varrido pelo planeta entre periélios consecutivos ultrapassa uma volta completa (correspondente ao ângulo de 2π na convenção, normal na física, de medida de ângulos em radianos), a diferença sendo dada por

$$\frac{24\pi^3 a^2}{T^2 c^2\,(1 - e^2)}$$

(Aqui a é o semieixo maior da elipse, e sua excentricidade, c a velocidade da luz e T o período.) Em outras palavras: de acordo com a relatividade geral, o eixo maior da elipse gira em torno do Sol na direção do movimento orbital. O valor dessa rotação deve ser de 43 segundos de arco em cada cem anos para o planeta Mercúrio, e para os outros planetas ela seria tão pequena que escaparia à detecção.[38]

E de fato os astrônomos descobriram que a teoria newtoniana não basta para dar conta completa do movimento observado de Mercúrio, com a precisão de observação disponível hoje. Depois de descontadas todas as perturbações que os demais planetas exercem sobre Mercúrio, foi demonstrado por Leverrier em 1859 e por Newcomb em 1895 que sobra um movimento inexplicado do periélio de Mercúrio, cujo valor não difere significativamente do número citado de +43 segundos por século. A incerteza desse resultado empírico é de alguns segundos apenas; portanto, podemos dizer que ele confirma a predição da teoria da relatividade geral.

b) A deflexão da luz pelo campo gravitacional.

No capítulo 22 explicamos que, de acordo com a teoria da relatividade geral, os raios de luz sofrem uma deflexão – isto é, curvam-se – sob a ação de um campo gravitacional, de forma semelhante à curvatura do trajeto de um corpo lançado num tal campo. Um raio de luz que passa perto de um astro se deflete na direção deste, segundo a teoria; para um raio que passa a uma distância de Δ raios solares do centro do Sol, o ângulo de deflexão a é dado por

$$a = \frac{1{,}7\ segundo}{\Delta}$$

38. Ver nota do tradutor na página 121. (N.T.)

Acrescentamos que metade dessa deflexão, segundo a teoria, é devida à atração (newtoniana) do Sol, e a outra metade é devida à deformação geométrica (curvatura) do espaço ocasionada pela massa solar.

Esse resultado é passível de verificação experimental por ocasião de um eclipse total, por meio de fotografias do campo estelar. A necessidade do eclipse deve-se ao fato de que normalmente a atmosfera difunde a luz do Sol com tal intensidade que as estrelas vizinhas ao Sol são invisíveis. A aparência predita pela teoria é fácil de determinar, de acordo com a figura 4. Se o Sol *S* não estivesse presente, veríamos a estrela (para todos efeitos infinitamente distante) na direção R_1. Mas devido à deflexão ela é vista na direção R_2, isto é, um pouco mais distante do centro do Sol do que a posição real.

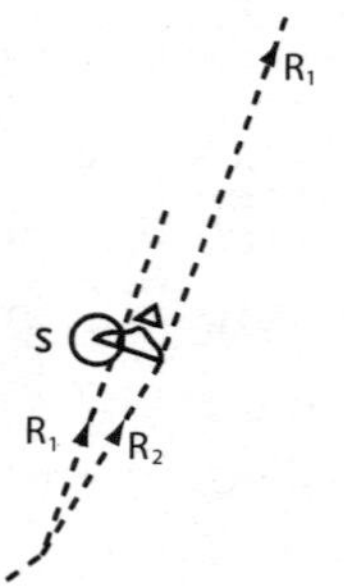

Figura 4

Na prática, age-se da seguinte forma: as estrelas na vizinhança do Sol são fotografadas durante um eclipse solar. É preciso também uma segunda foto das mesmas estrelas, tomada quando o Sol está em outra região do céu (isto é, alguns meses mais cedo ou mais tarde). As imagens das estrelas registradas durante o eclipse, em comparação com a imagem de controle, devem aparecer radialmente afastadas (para longe do centro do Sol) de um valor correspondente ao ângulo *a*.

Devemos à Royal Astronomical Society da Inglaterra a verificação experimental desse importante resultado. Sem se deixar desanimar pela guerra e pelas consequentes dificuldades de natureza psicológica, ela enviou vários de seus astrônomos da mais alta reputação (Eddington, Crommelin, Davidson) em duas expedições por ela organizadas para observar o eclipse total do Sol de 29 de maio de 1919 em Sobral (no Brasil) e na Ilha de Príncipe (África ocidental), com o intuito de tirar fotografias. A diferença esperada entre as posições das estrelas nestas fotografias e nas de controle era da ordem de apenas alguns centésimos de milímetro. Assim, não foram poucas as demandas impostas sobre os métodos fotográficos e de medida para garantir a precisão necessária.

O resultado das medidas confirmou a teoria de maneira altamente gratificante. As componentes ortogonais dos desvios predito e observado para cada estrela, em segundos de arco, são os seguintes:

Número da estrela	Primeira Coordenada		Segunda Coordenada	
	observada	calculada	observada	calculada
11	– 0,19	– 0,22	+ 0,16	+ 0,02
5	– 0,29	– 0,31	– 0,46	– 0,43
4	– 0,11	– 0,10	+ 0,83	+ 0,74
3	– 0,20	– 0,12	+ 1,00	+ 0,87
6	– 0,10	– 0,04	+ 0,57	+ 0,40
10	– 0,08	+ 0,09	+ 0,35	+ 0,32
2	+ 0,95	+ 0,85	– 0,27	– 0,09

c) O desvio espectral para o vermelho.

No capítulo 23 foi mostrado que, se um sistema *K'* gira em relação a um sistema galileano *K*, o andamento em relação a *K'* de relógios idênticos depende de sua localização. Vamos examinar essa dependência quantitativamente. Um relógio, situado a uma distância r do centro do disco, e que se move com velocidade

$$v = \omega r$$

em relação a *K*, onde ω denota a velocidade angular do disco (*K'*) em relação a *K*. Seja v_0 o andamento (número de batidas por unidade de tempo) com relação a *K* de um relógio em repouso. Então, de acordo com o capítulo 12, o andamento de um relógio estacionário em relação a *K'* e que se move com velocidade v com relação a *K* é dado por

$$v = v_0 \sqrt{1 - \frac{v^2}{c^2}}$$

ou, com suficiente precisão,

$$v = v_0 \left(1 - \frac{1}{2}\frac{v^2}{c^2}\right)$$

ou ainda

$$v = v_0 \left(1 - \frac{\omega^2 r^2}{2 c^2}\right)$$

Denotemos por $+ \Phi$ a diferença de potencial devida à força centrífuga entre a posição do relógio e o centro do disco; isto é, $-\Phi$ é o trabalho necessário para transportar o relógio, contra a força centrífuga, de sua posição para o centro do disco. Então

$$\Phi = -\frac{\omega^2 r^2}{2}$$

de forma que

$$v = v_0\left(1 + \frac{\Phi}{c^2}\right)$$

Por aí se vê, primeiro, que dois relógios idênticos a diferentes distâncias do centro do disco andam com velocidades diferentes, resultado esse que vale também do ponto de vista de um observador que gira com o disco.

Ora, como – do ponto de vista do disco – existe um campo gravitacional de potencial Φ, o resultado obtido valerá de um modo geral para todos os campos gravitacionais. Além disso, podemos considerar um átomo que emite luz em determinadas frequências espectrais como um relógio. Segue-se, portanto, que:

Um átomo absorve ou emite luz em frequências que dependem do campo gravitacional em que ele se encontra.

A frequência de um átomo que se acha na superfície de um astro é um pouco mais baixa que a de um átomo do mesmo elemento que esteja no espaço livre (ou na superfície de um astro menor). Como $\Phi = -KM/r$, onde K é a constante da gravitação universal de Newton, M é a massa do astro e r o seu raio, deveria-se observar um desvio para o vermelho das linhas espectrais oriundas da superfície das estrelas, comparadas com aquelas geradas na superfície da Terra, a diferença sendo dada por

$$\frac{v - v_0}{v_0} = -\frac{K}{c^2}\frac{M}{r}.$$

Para o Sol, o desvio espectral esperado é da ordem de dois milionésimos do comprimento de onda. Para as estrelas fixas, é impossível fazer uma estimativa confiável porque em geral nem a massa M nem o raio r são conhecidos.

A existência ou não desse efeito ainda é uma questão em aberto, a que os astrônomos tentam responder atualmente com grande diligência. Para o Sol a existência do efeito é de difícil avaliação, por ser ele tão exíguo neste caso. Leonhard Grebe e Albert Bachem em Bonn, baseados em suas próprias medições e nas de John Evershed e Karl Schwarzschild na assim chamada raia do cianogênio, consideram a existência do efeito estabelecida, como também Alfred Perot, baseado em observações próprias. Mas outros pesquisadores, em particular Willem Henri Julius e Charles St. John, baseados em suas próprias medições, são do parecer oposto, isto é, consideram que os dados empíricos até agora são inconclusivos.[39]

39. Depois desses, vários outros astrônomos reivindicaram a verificação desse efeito; o primeiro a fazê-lo de forma convincente foi Walter S. Adams, em 1925, que estudou o espectro da estrela Sírius B. Mas a observação do desvio nas estrelas continuou sendo um teste pouco satisfatório devido à falta de estimativas quantitativas (pelas razões já mencionadas pelo autor) e por não se poder excluir a possibilidade de o efeito ter outra (continua)

Os estudos estatísticos do espectro das estrelas fixas não deixam dúvida sobre a existência de desvios médios das linhas espectrais na direção de comprimentos mais longos. Mas a análise do material até agora não permite atribuir esses desvios definitivamente à ação da gravidade. Uma compilação dos dados observacionais, juntamente com uma discussão detalhada do ponto de vista da questão que nos interessa aqui, pode ser encontrada no tratado de Erwin Freundlich, "Prüfung der allgemeinen Relativitätstheorie" [Testes da teoria da relatividade geral], *Die Naturwissenschaften* 1919, número 35, página 520, Springer-Verlag, Berlim.

Seja como for, os próximos anos levarão a uma decisão definitiva. Não havendo desvio espectral para o vermelho causado pelo potencial gravitacional, a teoria da relatividade geral se tornaria insustentável. Por outro lado, caso a análise dos desvios espectrais confirme com certeza que sua causa é o potencial gravitacional, ela fornecerá dados valiosos sobre a massa dos corpos celestes.

(cont.) origem (ver próxima seção). Só em 1959, com o experimento de Robert Pound e Glen A. Rebka em Harvard, comparando as frequências espectrais do efeito Mössbauer em duas fontes terrestres situadas em alturas diferentes, foi possível uma confirmação indubitável. (N.T.)

4. A estrutura do espaço face à teoria da relatividade geral

Desde que apareceu a primeira edição deste pequeno livro, nosso conhecimento sobre a estrutura global do espaço (o "problema cosmológico") deu um importante passo à frente, que merece ser mencionado mesmo no contexto de uma obra popular.

Minhas considerações originais sobre o assunto se basearam em duas hipóteses:

1. A densidade média da matéria no universo como um todo é não nula e é a mesma em toda a parte.
2. O tamanho, ou "raio", do universo é independente do tempo.

Essas duas hipóteses só se mostraram mutuamente compatíveis, no quadro da relatividade geral, quando se acrescenta um termo hipotético, chamado de "termo cosmológico", às equações de campo gravitacionais. Esse termo não é exigido pela teoria em si e nem se mostrava natural do ponto de vista teórico.

A hipótese 2 me parecia inevitável na época, porque eu achava que sem ela cairíamos em especulações infindas.

Mas, já na década de 1920, o matemático russo Alexander Friedmann discerniu que de um ponto de vista puramente teórico uma hipótese diferente era mais natural. Ele reconheceu que era possível preservar a hipótese (1) sem introduzir o esdrúxulo termo cosmológico nas equações de campo, desde que se esteja disposto a abandonar a hipótese (2). A saber, as equações de campo originais admitem uma solução em que o "raio do universo" depende do tempo (universo em expansão). Nesse sentido pode-se afirmar, como faz Friedmann, que a teoria exige a expansão do espaço.

Alguns anos depois, Hubble mostrou, em sua investigação espectral das nebulosas extragalácticas ("vias-lácteas"), que as linhas espectrais emitidas por essas nebulosas exibem um desvio na direção do vermelho que aumenta regularmente com a distância da nebulosa. Recorrendo ao princípio de Doppler, a ciência atual só sabe interpretar esse resultado como prova de uma expansão do sistema de estrelas como um todo – como requerem, de acordo com o trabalho de Friedmann, as equações do campo gravitacional. Assim, a descoberta de Hubble pode ser interpretada até certo ponto como uma confirmação da teoria.

Ocorre, porém, uma dificuldade estranha. Ao interpretar o desvio espectral galáctico descoberto por Hubble como uma expansão (como dificilmente se pode deixar de fazer, do ponto de vista teórico), chega-se a um valor de tempo para o início dessa expansão situado cerca de 10^9 anos atrás, enquanto que segundo a astrofísica é provável que o desenvolvimento das estrelas individuais e dos sistemas de estrelas necessite de bem mais tempo. Atualmente não está claro como superar essa incongruência.

Vale também observar que a teoria do espaço em expansão, junto com os dados experimentais da astronomia, não permite chegar a uma conclusão sobre se o espaço (tridimensional) é finito ou infinito, enquanto que a hipótese original de um universo "estático" implicava que o espaço é fechado (finito).

5. A relatividade e o problema do espaço[40]

Uma característica importante da física newtoniana é que ela precisa atribuir ao espaço e ao tempo, lado a lado com a matéria, uma existência real e independente. Com efeito, a lei newtoniana do movimento envolve o conceito de aceleração. Mas aceleração naquela teoria só pode significar "aceleração relativa ao espaço". Assim, o espaço newtoniano deve ser visualizado sempre em repouso, ou pelo menos isento de aceleração, para que a aceleração que ocorre na lei de movimento seja uma grandeza com sentido definido. O mesmo se dá com o tempo, pois ele também entra na definição de aceleração. O próprio Newton e seus contemporâneos mais críticos consideraram problemática a necessidade de atribuir realidade física ao espaço em si e ao estado de movimento deste; mas na época não havia outra saída para quem quisesse dar à mecânica um sentido claro.

É de fato uma exigência severa a de ter que atribuir realidade física ao espaço em geral, e especialmente ao espaço vazio. Já desde a Antiguidade os filósofos têm resistido a ela. Descartes argumentou mais ou menos

40. Acrescentado por ocasião da décima quinta edição alemã, de 1952. (N.T.)

assim: espaço é essencialmente o mesmo que extensão. Mas a extensão está ligada a um corpo. Portanto, sem corpo não há espaço, isto é, não existe espaço vazio. O ponto fraco desse raciocínio é a sua primeira linha: é certamente verdade que o conceito de extensão se deve à nossa experiência em lidar com objetos rígidos e pô-los em contato uns com os outros. Mas isso não implica que o conceito de extensão não se justifique em casos além daqueles nos quais o conceito se originou. A generalização dos conceitos se justifica também quando ela se mostra útil na interpretação das observações empíricas. Portanto, não procede a afirmação de que o conceito de extensão só faz sentido quando ligado a um corpo. Veremos mais tarde que a teoria da relatividade confirmou, por caminhos tortuosos, o parecer de Descartes: o que levou o filósofo a essa opinião aparentemente estranha foi justamente a impressão de que, não havendo absoluta necessidade, não se deve atribuir realidade ao que não é "diretamente observável"[41], como é o caso do espaço.

A origem psicológica do conceito de espaço – sua necessidade –, aliás, não é tão óbvia como possa parecer em virtude de nossos hábitos mentais. Os geômetras da antiguidade lidavam com objetos abstratos (reta, ponto, superfície) mas não exatamente com o espaço em si, como a geometria analítica veio a fazer mais tarde. Mas o conceito de espaço vem à mente em função de certas experiências primitivas. Suponhamos que alguém construa uma caixa. Pode-se então colocar nela objetos

41. Essa expressão deve ser tomada com as devidas reservas.

arrumados de forma que a caixa fique cheia. A possibilidade dessa arrumação é uma propriedade do objeto físico "caixa": algo que acompanha a caixa, o "espaço incluso" na caixa. Esse algo varia de caixa para caixa, e é algo que se pode considerar, com toda naturalidade, independentemente da presença ou da ausência de objetos na caixa num determinado momento. Quando não há objetos dentro da caixa, seu espaço parece "vazio".

Até aqui nosso conceito de espaço está ligado à caixa. Mas ocorre que as possibilidades de arrumação que constituem o espaço da caixa independem da espessura de suas paredes. Não será possível imaginar essa espessura cada vez menor, finalmente atingindo o valor zero sem que com isso o "espaço" desapareça? Tal passagem ao limite é claramente natural, e agora existe em nosso pensamento o espaço sem caixa, uma coisa autossuficiente, e que no entanto parece irreal quando se esquece a origem do conceito. E compreensível, portanto, que Descartes relutasse em aceitar o espaço como uma coisa independente dos objetos corpóreos, algo que possa existir sem matéria.[42] (Aliás, isso não o impediu de tratar o espaço como conceito fundamental em sua geometria analítica.) E uma alusão ao vácuo num barômetro de mercúrio bastou para calar os últimos cartesianos. Mas não se pode negar que, já nessa etapa primitiva, o

42. É difícil levar a sério a tentativa de Kant de eliminar essa estranheza por meio da renúncia à objetividade do espaço. As possibilidades de arrumação incorporadas no espaço interior de uma caixa são objetivas no mesmo sentido que a caixa e os objetos nela colocáveis o são.

conceito de espaço – o espaço encarado como coisa real e autossuficiente – tem algo de insatisfatório.

As maneiras como se pode dispor os objetos no espaço (ou na caixa) são o assunto da geometria euclidiana tridimensional, cuja construção axiomática tende a camuflar o fato de que ela lida com as experiências da vida real.

Ora, se o conceito de espaço se estabeleceu como esboçado acima, resultado da experiência de "encher" as caixas, trata-se em primeira instância de um espaço *limitado*. Mas *essa limitação mostra-se desnecessária*, pois a experiência indica que sempre se pode incluir qualquer caixa numa maior. Assim, o espaço se mostra como algo ilimitado.

Não vou me ater aqui à questão de como a ideia do espaço ser tridimensional e euclidiano tem origem, em última análise, nas nossas experiências (relativamente primitivas). Ao contrário, nosso próximo tópico será o papel do conceito de espaço – considerado de outros pontos de vista – no desenvolvimento das ideias da física.

Quando uma caixinha *s* se encontra no oco de uma caixa maior *S*, em repouso relativo a esta, o oco de *s* é parte do de *S*, e o mesmo "espaço" que contém ambas as caixas pertence a cada uma delas. A situação não é tão simples quando *s* se move em relação a *S*. Nesse caso, é natural achar que *s* encerra sempre o mesmo espaço, mas uma parte variável do espaço de *S*. Torna-se então necessário associar a cada caixa seu próprio espaço (não encarado como limitado) e supor que esses dois espaços estão em movimento um em relação ao outro.

Antes de nos apercebermos dessa complicação, o espaço parece ser um meio, ou receptáculo, limitado em que flutuam objetos corpóreos. Mas já agora precisamos imaginar a existência de inúmeros espaços, cada um se movendo em relação aos outros. O conceito de espaço como algo dotado de existência objetiva, independente das coisas, já existia no pensamento pré-científico, mas não a ideia de um número infinito de espaços em movimento relativo uns aos outros. Esta, apesar de logicamente inevitável, não teve papel substancial na história das ideias, inclusive na fase científica.

Mas e a origem psicológica do conceito de tempo? Ele sem dúvida está ligado ao fato de podermos nos *lembrar*, e à diferença entre as experiências sensoriais e a lembrança delas. Cabe de todo modo perguntar se essa diferença entre sensação e lembrança (ou pura imaginação) é um dado psicológico imediato. É comum ficarmos em dúvida se uma determinada experiência de fato ocorreu conosco ou foi apenas um sonho. Provavelmente a diferença surge inicialmente como ato da mente como agente organizador.

À "lembrança" se associa uma experiência percebida como "anterior" às experiências "presentes". Este é um princípio conceitual ordenador para experiências (mentais), e é sua viabilidade que ocasiona o conceito subjetivo de tempo, isto é, aquele relacionado à ordem das experiências do indivíduo.

De que maneira o conceito se torna objetivo? Um exemplo: um indivíduo *A* ("eu") vivencia a experiência "está relampejando". Ao mesmo tempo *A* testemunha um certo comportamento de outra pessoa *B*, que o leva a conectar o comportamento de *B* com a experiência "está relampejando" do próprio *A*. Eis que *A* então associa com *B* a experiência "está relampejando", e ocorre a ideia a *A* que outras pessoas participam do "está relampejando". O "está relampejando" já não é mais percebido como exclusivamente uma experiência individual, mas sim como experiência (e no fim apenas como experiência em potencial) de outros indivíduos. E assim nasce a percepção de que esse "está relampejando", que originalmente enxertou-se na consciência como "experiência", agora é percebido também como "evento" objetivo. E é o compêndio de todos os eventos o que chamamos de "mundo real", exterior.

Como vimos, temos a tendência de arrumar as experiências em ordem temporal, mais ou menos assim: se β vem depois de α e γ depois de β, então γ também vem depois de α (sequência de "experiências"). Como se comportam com respeito a isso os eventos que associamos a experiências? O mais natural, obviamente, é supor que existe uma ordem temporal dos eventos que coincide com a ordem temporal das experiências. E isso é o que se fez por toda parte, inconscientemente, até que se impuseram certos escrúpulos de ceticismo.[43]

43. Por exemplo, a ordem temporal de uma série de experiências determinada por via acústica pode diferir daquela determinada visualmente; portanto, pode não ser simples a identificação da ordem temporal dos eventos com a das experiências.

Para se alcançar a objetivização do mundo, falta ainda mais uma ideia construtiva: os eventos têm localização espacial, além de temporal.

Nos parágrafos acima tentei apenas delinear como os conceitos de espaço, tempo e evento podem ser relacionados psicologicamente com as experiências. Do ponto de vista lógico, estes são criações livres da inteligência humana, ferramentas da mente, cujo fim é inter-relacionar as experiências para melhor sintetizá-las. A tentativa de tomar consciência da origem empírica desses conceitos básicos serve para mostrar até que ponto estamos realmente vinculados a esses termos. Assim nos conscientizamos da nossa liberdade, da qual sempre é difícil fazer uso sensato em caso de necessidade.

Temos ainda algo importante a acrescentar a este esboço sobre a origem psicológica dos conceitos de espaço-tempo-evento (que chamaremos abreviadamente de "espaçoides", em contraponto aos conceitos da esfera psicológica). Associamos acima o conceito de espaço às experiências com caixas e com a arrumação de objetos materiais. Esse passo epistemológico já pressupõe o conceito de objeto material (caixa, por exemplo). Também as pessoas que tivemos que introduzir para justificar uma noção objetiva de tempo desempenham neste contexto o papel de objetos materiais. Portanto, parece-me que nossos conceitos de tempo e espaço são posteriores à formação do conceito de objeto material.

Os conceitos espaçoides já existiam todos no pensamento pré-científico, lado a lado com conceitos da esfera psicológica, tais como dor, objetivo, propósito etc. Ora, é característica da física, e aliás do pensamento científico em geral, que ela tente em princípio lidar *somente* com conceitos espaçoides e exprimir as leis da natureza apenas em termos deles. O físico procura reduzir as cores e tons a vibrações, e o fisiólogo tenta estudar o pensamento e a dor como processos neurais – isso para que o elemento psíquico como tal seja eliminado do nexo causal do existir, não ocorrendo como elo independente em nenhum contexto causal. Essa atitude, que considera possível em princípio o entendimento de todas as relações usando apenas conceitos espaçoides, é o que se entende atualmente por "materialismo" (uma vez que a matéria perdeu seu papel como conceito fundamental).

Que necessidade há de desalojar as noções fundamentais das ciências naturais do seu Olimpo platônico e tentar descobrir sua origem terrestre? A de libertar essas noções dos tabus que as acompanham, e assim conquistar maior liberdade de formulação de conceitos. Foram sobretudo David Hume e Ernst Mach que introduziram tais reflexões críticas, granjeando assim mérito imortal.

A ciência, tendo herdado os conceitos de espaço, tempo e objeto material (inclusive o importante caso especial de corpos rígidos) do pensamento pré-científico, precisou-os e modificou-os. Sua primeira façanha foi o desenvolvimento da geometria euclidiana. A formulação axiomática desta não deve nos iludir quanto à sua origem empírica (as possibilidades de arrumação dos corpos livres). Em particular, tem origem empírica a tridimensionalidade do espaço e seu caráter euclidiano (ele pode ser preenchido sem lacunas por "cubos" idênticos).

A sutileza do conceito de espaço foi realçada pela descoberta de que não há corpo completamente rígido. Todos os corpos sofrem deformação elástica e mudam de volume quando a temperatura varia. Sendo assim, as "coisas" cujas possibilidades de arrumação a geometria euclidiana se propõe a descrever não podem se divorciar da física. Mas como a física, para enunciar seus conceitos, já precisa fazer uso da geometria, a fundamentação empírica da geometria só pode ser formulada e testada no quadro da física como um todo.

Aqui é preciso também mencionar a atomística e a consequente impossibilidade de divisão infinita, que implica que espaços de dimensão subatômica não podem ser medidos. A atomística também nos força a abandonar em princípio a ideia de que os corpos rígidos são limitados por superfícies estáticas e bem-definidas. Com isso deixa de existir, estritamente falando, qualquer lei que descreva as possibilidades de arrumação dos corpos rígidos, mesmo em nível macroscópico.

Apesar disso, ninguém pensou em abandonar o conceito de espaço, pois ele parecia indispensável na totalidade das ciências naturais, a qual era considerada eminentemente satisfatória. No século XIX, foi Mach o único que tomou a sério a possibilidade de eliminar o conceito de espaço, tentando substituí-lo pelo de um conjunto de dimensões momentâneas entre todos os corpos materiais. (Ele fez essa tentativa em busca de uma ideia mais satisfatória de velocidade.)

A noção de campo

Na mecânica newtoniana, o espaço e o tempo têm papel duplo. O primeiro é o de suporte ou receptáculo dos fenômenos físicos, com relação aos quais os eventos são especificados (por meio de coordenadas espaciais e do tempo). A matéria é em princípio considerada como constituída de "pontos materiais" cujos movimentos constituem os fenômenos físicos. Quando a matéria é considerada contínua, isso ocorre até certo ponto como medida provisória, porque a estrutura discreta não é conhecida ou não precisa ser levada em conta. Nesse caso, tratam-se pedacinhos de matéria (elementos de volume) como pontos materiais, pelo menos na medida em que se está lidando apenas com movimento e não com processos não redutíveis ao movimento, ou pelo menos não de forma conveniente – por exemplo, mudanças de temperatura ou reações químicas. O segundo papel do espaço e do tempo era o de "sistema inercial". Os sistemas inerciais eram tidos como privilegiados com relação a todos os outros sistemas de movimento imagináveis, no sentido de que em relação a eles vale a lei da inércia.

O cerne da questão é que, em princípio, pelo menos, a "realidade física" – aquela que independe de quem a vivencia – era tida como constituída, por um lado, de espaço e tempo, e, por outro, de pontos materiais de existência duradoura, movendo-se em relação a esse espaço e tempo. A ideia da existência autônoma do espaço e do tempo pode ser expressa drasticamente assim: se toda a matéria desaparecesse, só sobrariam o espaço e o tempo – como palco, por assim dizer, dos acontecimentos físicos.

A obsolescência dessa maneira de pensar nasceu de algo que a princípio não parecia ter nenhuma relação com a questão do espaço-tempo: a saber, o surgimento do conceito de *campo* e sua aceitação, com o passar do tempo, como substituto, em princípio, do conceito de partícula (ponto material). Na física clássica, o conceito de campo surgiu como coadjuvante para tratar a matéria como contínua. Por exemplo, para estudar a condução do calor em um corpo sólido, a situação é descrita do seguinte modo: especifica-se para cada ponto do corpo e cada momento de tempo uma temperatura. Matematicamente, isso significa que a temperatura T é representada como expressão matemática (função) das coordenadas espaciais e do tempo t. A isso se chama de campo de temperatura. A lei de condução do calor se expressa como uma relação local (uma equação diferencial) que contém em si todos os casos especiais de condução do calor. A temperatura aqui é um exemplo simples da noção de campo. É uma grandeza (ou complexo de grandezas) que depende das coordenadas e do tempo. Outro exemplo é a descrição do movimento de um líquido. Em cada ponto existe para cada momento uma velocidade, que é um vetor, descrito quantitativamente por suas três componentes em relação aos eixos de um sistema de coordenadas. Aqui também os componentes da velocidade num determinado ponto (componentes do campo) são funções das coordenadas (x, y, z) e do tempo (t).

Esses dois exemplos têm uma característica em comum: os campos só ocorrem dentro de uma massa ponderável; seu objetivo é apenas descrever o estado dessa matéria. Onde não há matéria, não há campo – isso de acordo com a concepção original do conceito de campo. Mas no primeiro quarto do século XIX mostrou-se que os fenômenos de interferência e propagação da luz podem ser expressos com clareza assombrosa mediante o tratamento da luz como um campo de ondas, inteiramente análogo aos mecânicos, como o campo de velocidade de um corpo rígido elástico. Assim percebeu-se a necessidade de introduzir um campo que pudesse existir mesmo no espaço vazio, na ausência de matéria ponderável.

Isso produziu uma situação paradoxal, pois o conceito original de campo parecia restrito à descrição de grandezas no interior de um corpo ponderável – ainda mais que a convicção geral era a de que todo campo devia ser concebível como uma descrição de um estado de algo mecânico, o que pressuporia a existência de matéria. Foi assim que surgiu a compulsão de imaginar que, mesmo no espaço até então considerado vazio, existia por toda parte uma matéria a que se deu o nome de "éter".

A emancipação do conceito de campo da suposta necessidade de um suporte material faz parte de um dos processos mais interessantes do desenvolvimento das ideias da física. Na segunda metade do século XIX tornou-se cada vez mais claro, em função das investigações de Faraday e de Maxwell, que a descrição dos processos eletromagnéticos em termos de campos era amplamente preferível ao tratamento baseado em conceitos da mecânica pontual. Com a introdução do conceito de campo na eletrodinâmica, Maxwell foi capaz de prever a existência de ondas eletromagnéticas, que se mostraram ser essencialmente o mesmo fenômeno que a luz, como o demonstra, acima de qualquer dúvida, o fato de se propagarem com igual velocidade. Com isso a óptica foi, em princípio, absorvida pela eletrodinâmica. *Uma* das consequências psicológicas desse tremendo sucesso científico foi que o conceito de campo gradualmente adquiriu autonomia face ao paradigma mecanístico da física clássica.

Apesar disso, supôs-se inicialmente, como coisa óbvia, que os campos eletromagnéticos tinham que ser interpretados como estados do éter, e tratou-se com afinco de explicar esse estado como algo mecânico. Apenas com o constante fracasso dessas tentativas é que se começou a desistir, paulatinamente, de tais interpretações mecanicísticas. Mas continuava a convicção de que os campos eletromagnéticos eram um estado do éter: essa era a situação na virada do século.

A teoria do éter levantava a seguinte questão: como se comporta o éter mecanicamente em relação aos corpos ponderáveis? Ele participa do movimento dos corpos ou suas partes estão em repouso em relação umas às outras? Muitos experimentos engenhosos foram empreendidos para responder a essa pergunta. Foram estudados, como fatos relevantes para a questão, a aberração das estrelas fixas em consequência do movimento anual da Terra, bem como o efeito Doppler (a influência do movimento relativo das estrelas fixas sobre a frequência da luz que nos atinge, cuja frequência de emissão é conhecida). Os resultados desses trabalhos e experimentos (com exceção de um, o experimento de Michelson e Morley) foram explicados por H.A. Lorentz sob a hipótese de que o éter não participa do movimento dos corpos ponderáveis e que as partes do éter não se movem umas em relação às outras. Assim, o éter parecia ser, por assim dizer, a encarnação do espaço em repouso absoluto. Mas as investigações de Lorentz foram além disso. Lorentz forneceu uma racionalização dos processos eletromagnéticos e ópticos então conhecidos no interior de corpos ponderáveis, sob a hipótese de que a influência da matéria ponderável sobre o campo elétrico (e vice-versa) se deva apenas à existência de cargas elétricas nas partículas materiais, cargas estas que se movem com as partículas. Quanto ao experimento de Michelson e Morley, H.A. Lorentz demonstrou pelo menos que seu resultado não contradizia a teoria do éter em repouso.

Apesar de todos esses belos sucessos, o estado da teoria não era inteiramente satisfatório pela seguinte razão: a mecânica clássica, que se sabia, sem sombra de dúvida, valer com grande grau de aproximação, ensina que todos os referenciais inerciais (ou espaços inerciais) são equivalentes para a formulação das leis da natureza. (Invariância das leis da natureza quanto à passagem de um referencial inercial a outro.) Os *experimentos* eletromagnéticos e ópticos ensinam o mesmo, com precisão considerável. Mas o alicerce da *teoria* eletromagnética requeria a supremacia de *um certo* referencial inercial, aquele em relação ao qual o éter luminoso estaria em repouso. Essa maneira de ver os fundamentos teóricos era por demais insatisfatória. Não haveria como modificá-la de tal forma que fosse reinstaurada, como na mecânica clássica, a equivalência de todos os referenciais inerciais (conhecida como o princípio da relatividade especial)?

A resposta a essa pergunta é a teoria da relatividade especial. Ela retoma da teoria de Maxwell e Lorentz o pressuposto de que a velocidade da luz no vácuo é constante. Para harmonizá-lo com a equivalência dos referenciais inerciais (princípio da relatividade especial), é preciso sacrificar a noção de simultaneidade absoluta; seguem-se também as transformações de Lorentz que regem o comportamento das coordenadas espaciais e do tempo na passagem de um referencial inercial a outro. A teoria da relatividade especial inteira está contida neste postulado: as leis da natureza são invariantes sob transformações de Lorentz. O que é crucial nessa exigência é que ela limita de uma determinada maneira as possíveis leis da natureza.

Que relação tem a teoria da relatividade especial com o problema do espaço? Primeiro, é preciso frisar que o fato de a realidade existir em quatro dimensões não é uma novidade introduzida por essa teoria. Na mecânica clássica, também um evento se localiza com quatro números, as coordenadas do espaço tridimensional e uma coordenada temporal; assim, a totalidade dos eventos físicos deve ser encarada como contida numa variedade contínua[44] a quatro dimensões. Mas na mecânica clássica esse contínuo quadridimensional se decompõe em um unidimensional, o tempo, e em seções espaciais de três dimensões, cada uma das quais contém apenas eventos simultâneos. Essa decomposição é a mesma para todos os sistemas inerciais. A simultaneidade de dois eventos determinados com relação a um sistema inercial implica sua simultaneidade em relação a todos os sistemas inerciais. É isso que quer dizer a afirmação de que na mecânica clássica o tempo é absoluto. Mas na teoria da relatividade especial a situação é outra. O catálogo dos eventos que ocorrem simultaneamente a um evento escolhido é algo que ainda existe num determinado sistema inercial, mas não é mais independente do sistema inercial. O contínuo quadridimensional não admite mais uma decomposição objetiva em seções que contêm todos os eventos simultâneos: o "agora" perde seu significado objetivo para o universo com extensão espacial. A isso está conexo o fato de que o espaço e o tempo são objetivamente inextricáveis e têm que ser encarados como um contínuo de quatro dimensões, senão o conteúdo das relações objetivas só pode ser expresso com arbitrariedade convencional e supérflua.

---

44. Ver nota do tradutor na página 68. (N.T.)

Como a teoria da relatividade especial ressaltava a equivalência física de todos os sistemas inerciais, ela tornou a hipótese do éter em repouso insustentável. Com isso foi necessário desistir da ideia de que o campo eletromagnético possa ser considerado um estado de um suporte material. O campo tornou-se assim um elemento irredutível da descrição física, irredutível da mesma forma que o conceito de matéria na teoria de Newton.

Até aqui, temos concentrado nossa atenção na questão de até que ponto os conceitos de espaço e tempo foram *modificados* pela teoria da relatividade especial. Mas agora vamos considerar os elementos que essa teoria herdou da mecânica clássica. Ambas só reivindicam a validade das leis da natureza quando, subjacente à descrição dos fenômenos no tempo e no espaço, está um sistema inercial. Apenas em relação a um *sistema inercial* é que valem o princípio da inércia e a constância da velocidade da luz. As leis do campo também só têm sentido e validade nos sistemas inerciais. Como na mecânica clássica, também na relatividade especial o espaço é um componente autônomo da descrição da realidade física. O espaço (inercial) ou, mais precisamente, esse espaço junto com o tempo correspondente, permanece quando se imagina desaparecerem a matéria e o campo. Essa entidade de quatro dimensões, o universo de Minkowski, é tida como o suporte da matéria e do campo. Os espaços inerciais, com seus tempos correspondentes, são agora sistemas privilegiados de coordenadas quadridimensionais, ligados uns aos outros por meio de transformações de Lorentz.

Como nessas estruturas não há mais seções que representem um "agora" objetivo, a noção do "ocorrer" e do "vir a ser" não chega a ficar totalmente suspensa, mas certamente se complica. Assim, parece mais natural encarar a realidade física como algo que existe em quatro dimensões em vez de, como anteriormente, um *modificar-se* de algo que existe em três dimensões.

Esse espaço rígido de quatro dimensões da teoria da relatividade especial é de certa forma análogo ao éter rígido de H.A. Lorentz. Nas duas teorias vale a afirmação de que a descrição do estado físico pressupõe o espaço como dado de antemão e autônomo. Assim, nem a teoria da relatividade elimina a estranheza que incomodava Descartes quanto à existência independente, e até a priori, do "espaço vazio". Pois bem: o verdadeiro objetivo das considerações elementares feitas até agora é mostrar até que ponto esses escrúpulos são superados pela teoria da relatividade geral.

O conceito de espaço na teoria geral da relatividade

Esta teoria originou-se primeiramente da tentativa de compreender a igualdade entre massa inercial e gravitacional. Seja um sistema inercial S_1 cujo espaço está fisicamente vazio. Quer dizer, na parte do espaço sob consideração não existe nem matéria (no sentido habitual) nem campo, no sentido da teoria da relatividade especial. Seja também um referencial S_2 uniformemente acelerado em relação a S_1 e, portanto, não inercial.

Com respeito a S_2, toda massa-teste se moveria com aceleração, aceleração esta independente da sua natureza física ou química. Assim, com respeito a S_2 ocorre uma situação indistinguível, pelo menos em primeira aproximação, de um campo gravitacional. Portanto, a seguinte interpretação é coerente com os fatos observáveis: também é equivalente a um "sistema inercial", mas com respeito a S_2 vige um campo gravitacional (homogêneo, cuja origem não vem ao caso neste contexto). Assim, quando se introduz o campo gravitacional no âmbito da discussão, o sistema inercial perde seu significado objetivo, pressupondo-se que esse "princípio da equivalência" possa ser estendido ao caso de referenciais em movimento arbitrário um em relação ao outro. Se for possível erigir uma teoria coerente sobre esse alicerce, ela automaticamente satisfará a condição, ou fato fortemente justificado experimentalmente, da igualdade entre a massa inercial e a gravitacional.

Em quatro dimensões, a passagem de S_1 a S_2 correspondente a uma transformação não linear das quatro coordenadas. Surge então a pergunta: para quais transformações não lineares isso deve ser permitido? Em outras palavras, como generalizar a transformação de Lorentz? Para responder a essa pergunta, a seguinte análise é decisiva.

Associemos ao sistema inercial das teorias anteriores a seguinte propriedade: as diferenças entre coordenadas são medidas usando-se réguas rígidas (em repouso), e as diferenças entre tempos usando relógios (em repouso). Esse primeiro pressuposto é complementado pelo pressuposto de que, para as arrumações de réguas em repouso, valem as regras da geometria euclidiana sobre "segmentos". Então pode-se deduzir dos resultados da teoria da relatividade especial, por meio de argumentos elementares, que esse significado físico imediato se perde no caso do referencial S_2, acelerado em relação ao referencial inercial S_1. Mas se é assim, as coordenadas agora só exprimem a ordem de "adjacência" (e consequentemente a dimensionalidade do espaço), mas não mais as propriedades métricas do espaço. Assim, somos levados a substituir a classe das transformações de Lorentz pela de todas as transformações[45] contínuas arbitrárias do espaço. As leis da natureza têm que ser covariantes com respeito a qualquer transformação contínua das coordenadas. Essa exigência (juntamente com a de que as leis sejam logicamente as mais simples possíveis) limita as possibilidades das leis da natureza de forma incomparavelmente mais séria que o princípio da relatividade especial.

Esse raciocínio se baseia de forma essencial no conceito de campo como algo autônomo, pois os comportamentos vigentes em relação a S_2 são interpretados como devidos a um campo gravitacional sem que se pergunte se há massas presentes para gerar o campo. Esse raciocínio também permite entender por que as leis do campo gravitacional puro estão intimamente ligadas às ideias da relatividade geral, tanto quanto as leis de campos mais gerais (quando, por exemplo, há um campo eletromagnético presente). Há boa razão

45. Esse termo, apesar de inexato, talvez baste para nossos fins.

para pressupor que o espaço de Minkowski "sem campos" é um caso especial possível em termos das leis naturais, a saber, o caso mais simples possível. Um tal espaço se caracteriza, quanto à métrica, pelo fato de ser $dx_1^2 + dx_2^2 + dx_3^2$ o quadrado da distância espacial – medida com uma régua unitária – entre dois pontos infinitesimalmente próximos de uma seção espaçoide tridimensional (teorema de Pitágoras), enquanto que dx_4 é a separação temporal, medida com um relógio apropriado, entre dois eventos com os mesmos valores de (x_1, x_2, x_3). Usando as transformações de Lorentz mostra-se facilmente que a afirmação anterior se resume à condição de que

$$ds^2 = dx_1^2 + dx_2^2 + dx_3^2 - dx_4^2 \tag{1}$$

tem um significado métrico objetivo. Matematicamente isso corresponde a ds^2 ser invariante em relação às transformações de Lorentz.

Ora, se aplicarmos a esse espaço, como permitido pelo princípio da relatividade geral, uma transformação contínua qualquer das coordenadas, a grandeza de significado métrico objetivo passa a ter no novo sistema de coordenadas a expressão

$$ds^2 = g_{ik}\, dx_i\, dx_k \tag{1a}$$

onde, por convenção, a expressão à direita representa uma soma para todas as combinações possíveis dos índices *i* e *k*: 11, 12, e assim por diante, até 44. Outrossim, os g_{ik} não são constantes, e sim funções das coordenadas, determinadas pela transformação escolhida. Apesar de a transformação ser arbitrária, os g_{ik} não são funções arbitrárias das novas coordenadas; permitidas são só as funções tais que a expressão (1a) possa ser transformada de volta em (1) quando se aplica uma certa transformação contínua das quatro coordenadas. Para que isso seja possível, é necessário que as funções g_{ik} satisfaçam certas condições de covariância, que Bernhardt Riemann deduziu mais de meio século antes de a teoria da relatividade geral ser formulada ("condição de Riemann"). Pelo princípio da equivalência, (1a) representa, em forma covariante geral, um campo gravitacional de um certo tipo especial, quando os g_{ik} satisfazem a condição de Riemann.

A lei do campo gravitacional geral deve portanto satisfazer as seguintes condições: ela deve ser satisfeita quando a condição de Riemann o for, mas deve ser mais fraca, isto é, menos limitante, que a condição de Riemann. Com isso, consegue-se chegar a uma determinação quase completa da lei de campo para a gravitação pura, por meio de argumentos que não vamos detalhar aqui.

Agora estamos preparados para ver até que ponto a transição para a teoria da relatividade geral modifica o conceito de espaço. Segundo a mecânica clássica e segundo a teoria da relatividade especial, o espaço (ou espaço-tempo) tem uma existência autônoma, independente da matéria e dos campos. Para se poder sequer descrever o conteúdo do espaço, que varia com as coordenadas, é preciso conceber o espaço-tempo ou o referencial inercial, com suas propriedades métricas, como dado de antemão, porque de outra forma a descrição do "conteúdo do espaço" não faz sentido.[46] Na teoria da relatividade geral, ao contrário, o espaço não tem existência autônoma independente do "conteúdo do espaço" que depende das coordenadas. Tomemos por exemplo um campo gravitacional puro descrito pelos g_{ik} (como funções das coordenadas) e obtido como solução das equações da gravitação. Quando se subtraem as funções g_{ik}, não só não sobra um espaço da forma (1), mas nem sequer um "espaço topológico": não sobra *nada*. Isso porque as funções descrevem não apenas o campo, mas também a estrutura topológica e métrica, que são propriedades da variedade. Um espaço do tipo (1), no sentido da relatividade geral, não é bem um espaço sem campo, mas um caso especial do campo de g_{ik} para o qual estas funções (no sistema de coordenadas em uso, o qual em si não tem significado objetivo) têm valores constantes, independentes das coordenadas. Isto é, um espaço vazio, um espaço sem campo, não existe.

Assim, vemos que Descartes não estava longe da verdade ao julgar que a existência de um espaço vazio deve ser rejeitada. Sua opinião parecia absurda

46. Se subtrairmos o conteúdo do espaço (por exemplo, o campo), permanece ainda o espaço métrico, de acordo com (1), que determinaria o comportamento inercial de um corpo de prova lá introduzido.

enquanto se consideravam apenas os corpos ponderáveis como parte da realidade física. Apenas a ideia do campo como representação da realidade, em conexão com o princípio da relatividade geral, mostra o núcleo de verdade na ideia de Descartes: não existe espaço sem campo.

Teoria da gravitação generalizada

A teoria do campo gravitacional puro, subjacente à teoria da relatividade geral, é de fácil obtenção porque podemos afirmar com confiança que o espaço de Minkowski "sem campo" com métrica dada por (1) deve corresponder às leis gerais de campo. Deste caso especial segue-se a lei da gravitação geral por meio de uma generalização essencialmente isenta de escolhas arbitrárias. O desenvolvimento posterior da teoria não é tão univocamente determinado pelo princípio da relatividade geral; nas últimas décadas, ele tem sido buscado em diferentes direções. Todas essas tentativas têm um comum o desejo de descrever a realidade física como um campo, sendo esse campo uma generalização do campo gravitacional puro, e a lei de campo uma generalização da lei do campo gravitacional puro. Creio que agora, depois de muito tatear, encontrei a forma mais natural dessa generalização[47], mas ainda não tive condições de

47. A generalização pode ser caracterizada assim: o campo gravitacional dos g_{ik} tem, herdada do "espaço de Minkowski" vazio, a propriedade de simetria $g_{ik} = g_{ki}$ (isto é, $g_{12} = g_{21}$ e assim por diante). O campo generalizado é do mesmo tipo, mas sem essa propriedade de simetria. A dedução da lei de campo é completamente análoga à do caso da gravitação pura.

confirmar se essa lei generalizada resistirá à comparação com a experiência.

Nas considerações gerais acima, a questão da lei de campo especial é secundária. A questão principal atualmente é saber se uma teoria de campo do tipo exposto aqui poderá nos conduzir ao objetivo. Com isso quero dizer uma teoria que descreva a realidade física completamente por meio de um campo. Os físicos da geração atual tendem a achar que a resposta é não; acreditam, em conexão com a forma atual da teoria quântica, que o estado de um sistema não pode ser caracterizado diretamente, mas só indiretamente por meio da especificação estatística dos resultados de medidas realizáveis no sistema. Reina a crença de que a natureza dupla (corpuscular e de onda), que está firmemente estabelecida de forma experimental, só pode ser realizada por meio desse enfraquecimento do conceito de realidade. Eu creio que uma renúncia teórica de tal monta não se justifica à luz dos nossos conhecimentos de fato e que não devemos nos desviar do objetivo de prosseguir na vereda da teoria de campo relativística até o fim.

Índice remissivo